高等学校应用型本科教材

高等数学学习指导

（第2版）

主　编　侯方勇
副主编　吴博峰　郑　薇

西安交通大学出版社

图书在版编目(CIP)数据

高等数学学习指导/侯方勇主编.—2版.—西安:西安交通大学出版社,2019.8(2022.6重印)
ISBN 978-7-5693-1201-0

Ⅰ.①高… Ⅱ.①侯… Ⅲ.①高等数学—高等学校—教学参考资料 Ⅳ.①O13

中国版本图书馆 CIP 数据核字(2019)第 112277 号

书　　名	高等数学学习指导(第2版)
主　　编	侯方勇
责任编辑	曹　昳

出版发行	西安交通大学出版社
	(西安市兴庆南路1号　邮政编码 710048)
网　　址	http://www.xjtupress.com
电　　话	(029)82668357　82667874(市场营销中心)
	(029)82668315(总编办)
传　　真	(029)82668280
印　　刷	西安明瑞印务有限公司
开　　本	787mm×1092mm　1/16　印张 11　字数 250千字
版次印次	2019年8月第2版　2022年6月第4次印刷
书　　号	ISBN 978-7-5693-1201-0
定　　价	29.80元

如发现印装质量问题,请与本社市场营销中心联系、调换。
订购热线:(029)82665248　(029)82667874
投稿热线:(029)82664954
读者信箱:28790738@qq.com

版权所有　侵权必究

本书编写组

主　编　侯方勇

副主编　吴博峰　郑　薇

编　者　韦娜娜　闫　璐　董　慧　赵华杰　李　妮

前　言

  本书是与侯方勇教授主编的《高等数学(第 2 版)》(西安交通大学出版社出版)教材相配套的、集学习指导和习题训练于一体的教学辅导书。"高等数学"是经管类必修的一门重要基础理论课程,它对培养学生的数学素质、创新能力、治学态度和解决实际问题的能力有着重要的作用,为各专业的后续课程打下坚实的理论基础。本书根据《高等数学(第 2 版)》的教学内容和教学进度进行教学安排,按照"注重基础、强调应用"的原则进行设计和编写,作为学生学习高等数学的配套用书。

  本书共分 9 章,每章内容主要包括两部分:第一部分为学习指导部分,包括各章的"主要内容""学法建议""疑难解析和典型例题",帮助学生建立内容框架,疏理知识脉络,使学生能够更清晰明确重难点;同时通过典型例题讲解,让学生更快速有效地掌握解题技能。第二部分为习题训练,包括各小节练习题和综合训练两部分。其中,每小节练习题与课堂教学相配套,题型有填空题、选择题、计算题、解答题、证明题和应用题。练习题内容由浅入深,由易到难,逐步提高,使学生理解和掌握高等数学的基础理论和常用的解题方法,一方面,为后续的专业课的学习打下坚实的基础;另一方面,有助于提高用数学方法解决工程、经济等方面的实际应用问题的能力。第三部分是期末模拟试题,配套了上、下册各四套模拟题,以便学生检测自己的掌握程度。

  由于编者水平有限,书中难免有不足之处,恳请读者批评指正。

《高等数学学习指导(第 2 版)》编写组
2019 年 4 月

目 录

第1章 空间解析几何 ······ 1
  1.1 主要内容 ······ 1
  1.2 学法建议 ······ 3
  1.3 疑难解析 ······ 4
  1.4 习题 ······ 5

第2章 一元函数与多元函数 ······ 8
  2.1 主要内容 ······ 8
  2.2 学法建议 ······ 9
  2.3 疑难解析 ······ 9
  2.4 习题 ······ 11

第3章 极限与连续性 ······ 14
  3.1 主要内容 ······ 14
  3.2 学法建议 ······ 16
  3.3 疑难解析 ······ 16
  3.4 习题 ······ 18
    3.4.1 一元函数的极限 ······ 18
    3.4.2 无穷大量与无穷小量 ······ 20
    3.4.3 极限运算 ······ 21
    3.4.4 一元函数的连续性 ······ 23
    3.4.5 二元函数极限与连续 ······ 24
    3.4.6 综合练习 ······ 25

第4章 导数与微分 ······ 27
  4.1 主要内容 ······ 27
  4.2 学法建议 ······ 33
  4.3 疑难解析 ······ 33
  4.4 习题 ······ 38
    4.4.1 导数和偏导数 ······ 38
    4.4.2 一元函数的求导 ······ 40
    4.4.3 多元函数的求导 ······ 43

  4.4.4 隐函数的(偏)导数 ·· 45
  4.4.5 微分与全微分 ·· 47
  4.4.6 综合练习 ·· 48

第5章 微分学的应用 ·· 51
 5.1 主要内容 ·· 51
 5.2 学法建议 ·· 57
 5.3 疑难解析 ·· 57
 5.4 习题 ·· 66
  5.4.1 微分学在几何中的应用 ·· 66
  5.4.2 中值定理 ·· 67
  5.4.3 洛必达法则 ·· 68
  5.4.4 一元函数的单调性与凹凸性 ·· 69
  5.4.5 一元函数的极值与最值 ·· 70
  5.4.6 一元函数图形的描绘 ·· 71
  5.4.7 多元函数的极值与最值 ·· 72
  5.4.8 微分学在经济中的简单应用 ·· 73
  5.4.9 综合练习 ·· 74

第6章 定积分及其应用 ·· 78
 6.1 主要内容 ·· 78
 6.2 学法建议 ·· 78
 6.3 疑难解析 ·· 78
 6.4 习题 ·· 80
  6.4.1 定积分的概念与性质 ·· 80
  6.4.2 微积分基本定理 ·· 82
  6.4.3 不定积分的概念和性质 ·· 84
  6.4.4 不定积分的积分方法 ·· 86
  6.4.5 定积分的积分方法 ·· 89
  6.4.6 反常积分 ·· 91
  6.4.7 定积分的应用 ·· 92
  6.4.8 综合练习 ·· 93

第7章 重积分 ·· 96
 7.1 主要内容 ·· 96
 7.2 学法建议 ·· 99
 7.3 疑难解析 ·· 100
 7.4 习题 ·· 103
  7.4.1 二重积分的概念与性质 ·· 103
  7.4.1 二重积分的计算 ·· 105

    7.4.3 二重积分的应用 ········· 107
    7.4.4 重积分应用举例 ········· 109
    7.4.5 综合练习 ········· 111

第8章 无穷级数 ········· 113
  8.1 主要内容 ········· 113
  8.2 学法建议 ········· 115
  8.3 疑难解析 ········· 116
  8.4 习题 ········· 121
    8.4.1 无穷级数的概念与性质 ········· 121
    8.4.2 常数项级数的审敛法 ········· 122
    8.4.3 函数项级数与幂级数 ········· 124
    8.4.4 函数展开成幂函数,幂级数的应用 ········· 125
    8.4.5 综合练习 ········· 126

第9章 微分方程 ········· 128
  9.1 主要内容 ········· 128
  9.2 学法建议 ········· 129
  9.3 疑难解析 ········· 130
  9.4 习题 ········· 131
    9.4.1 微分方程的基本概念,可分离变量的微分方程 ········· 131
    9.4.2 一阶线性微分方程(一) ········· 133
    9.4.3 可将阶的微分方程(二) ········· 135
    9.4.4 二阶常系数齐次线性微分方程 ········· 136
    9.4.5 二阶常系数非齐次线性微分方程 ········· 138
    9.4.6 综合练习 ········· 139

模拟卷 ········· 141
高等数学(上)期末模拟试卷 A ········· 141
高等数学(上)期末模拟试卷 B ········· 144
高等数学(上)期末模拟试卷 C ········· 147
高等数学(上)期末模拟试卷 D ········· 150
高等数学(下)期末模拟试卷 A ········· 153
高等数学(下)期末模拟试卷 B ········· 156
高等数学(下)期末模拟试卷 C ········· 159
高等数学(下)期末模拟试卷 D ········· 162

参考文献 ········· 165

第1章 空间解析几何

1.1 主要内容

1. 空间直角坐标系

为了确定空间中任意一点的位置,建立了空间直角坐标系.在空间直角坐标系中,三个坐标轴中的任意两条坐标轴可以确定一个平面,称为坐标平面.由 x 轴与 y 轴所确定的坐标平面称为 xOy 平面,由 y 轴及 z 轴所确定的坐标平面称为 yOz 平面,由 z 轴及 x 轴所确定的坐标平面称为 xOz 平面.三个坐标平面把空间分成八个部分,即八个卦限,在 xOy 平面上方,从第一卦限开始,按逆时针方向依次确定的三个卦限分别称为第二、第三、第四卦限.在 xOy 平面下方,由第一卦限之下的第五卦限,按逆时针方向确定第五至第八卦限,这八个卦限分别用Ⅰ、Ⅱ、Ⅲ、Ⅳ、Ⅴ、Ⅵ、Ⅶ、Ⅷ表示.

空间任意一点 M 和一个三元有序数组 (x,y,z) 建立了一一对应关系,记为 $M(x,y,z)$.

2. 曲面与方程

曲面 S 上的任何一点的坐标都满足方程 $F(x,y,z)=0$,而不在曲面 S 上的任何一点的坐标都不满足方程 $F(x,y,z)=0$,则方程 $F(x,y,z)=0$ 称为曲面 S 上的方程.

(1) 平面.空间中任意一个平面的方程为三元一次方程
$$Ax+By+Cz+D=0$$
其中 A、B、C、D 为常数,且 A、B、C 不全为 0.

(2) 球面. $(x-a)^2+(y-b)^2+(z-c)^2=R^2$ 表示球心在 (a,b,c),半径为 R 的球面方程.

(3) 旋转曲面.一条平面曲线绕其所在平面上一定直线旋转一周所形成的曲面称为旋转曲面,旋转曲线和定直线分别称为旋转曲面的母线和旋转轴.我们考虑以坐标轴为旋转轴的曲面.

① 抛物线 $z=y^2$ 绕 z 轴旋转所成的曲面方程是旋转抛物面 $z=x^2+y^2$;

② 椭圆 $\dfrac{y^2}{a^2}+\dfrac{z^2}{b^2}=1$ 绕 z 轴旋转所成的曲面方程为旋转椭球面 $\dfrac{x^2+y^2}{a^2}+\dfrac{z^2}{b^2}=1$;

③ 双曲线 $\dfrac{y^2}{a^2}-\dfrac{z^2}{b^2}=1$ 绕 z 轴旋转所成的曲面方程为单叶旋转双曲面 $\dfrac{x^2+y^2}{a^2}-\dfrac{z^2}{b^2}=1$;

④ 双曲线 $\dfrac{x^2}{a^2}-\dfrac{z^2}{b^2}=1$ 绕 x 轴旋转所成的曲面方程为双叶旋转双曲面 $\dfrac{x^2}{a^2}-\dfrac{y^2+z^2}{b^2}=1$;

⑤ 直线 $z=y$ 绕 z 轴旋转所成的曲面方程为旋转锥面或圆锥面
$$z=\pm\sqrt{x^2+y^2} \quad 即 \quad z^2=x^2+y^2$$

(4) 柱面. 平行于定直线 l 并沿着曲线 C 移动的动直线 L 形成的轨迹叫柱面,定曲线 C 叫作柱面的准线,动直线 L 叫作柱面的母线.

(5) 二次曲面. 常见的二次曲面如下:

椭球面 $\dfrac{x^2}{a^2}+\dfrac{y^2}{b^2}+\dfrac{z^2}{c^2}=1$ ， 单叶双曲面 $\dfrac{x^2}{a^2}+\dfrac{y^2}{b^2}-\dfrac{z^2}{c^2}=1$

单叶双曲面 $-\dfrac{x^2}{a^2}+\dfrac{y^2}{b^2}-\dfrac{z^2}{c^2}=1$ ， 椭圆抛物面 $\dfrac{x^2}{a^2}+\dfrac{y^2}{b^2}=z$

双曲抛物面(马鞍面) $\dfrac{x^2}{a^2}-\dfrac{y^2}{b^2}=z$

3. 极坐标

极坐标是平面上的点与有序实数组的一种对应关系. 如图 1-1 所示在平面上取一定点 O 叫做极点,从 O 点出发引一条射线 Ox 称为极轴,再取定一长度单位,通常规定角度取逆时针方向为正,这样,平面上任一点 P 的位置就可以用线段 OP 的长度 ρ 以及从 Ox 到 OP 的角度 θ 来确定,有序数对 (ρ,θ) 就称为 P 点的极坐标,记为 $P(\rho,\theta)$,称 ρ 为 P 点的极半径或极径, θ 为 P 点的极角.

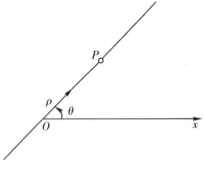

图 1-1

4. 空间曲线方程

(1) 空间曲线是两个曲面的交线,方程

$$\begin{cases} F(x,y,z)=0 \\ G(x,y,z)=0 \end{cases} \quad (1-1)$$

就是这两个曲面的交线 C,上式(1-1)叫做空间曲线的一般方程.

(2) 空间曲线 C 上的动点的坐标 x、y、z 可表示成为参数 t 的函数 $\begin{cases} x=x(t) \\ y=y(t) \\ z=z(t) \end{cases}$,随着 t 的变动可得到曲线 C 上的全部点,方程组叫做空间曲线参数方程. 空间曲线的一般方程也可以化为参数方程.

(3) 对方程(1-1)去 z 得方程 $H(x,y)=0$,方程 $\begin{cases} H(x,y)=0 \\ z=0 \end{cases}$ 就是曲线 C 关于 xOy 面的投影曲线. 同理,在曲线 C 的方程组中分别消去变量 y 和 x 后得到方程 $G(x,z)=0$ 和 $F(y,z)=0$,它们分别表示曲线 C 关于 xOz 面和 yOz 面的投影柱面,再分别和 $x=0$ 或 $y=0$ 联立,就可得到曲线 C 在 xOz 面与 yOz 面上的投影的曲线方程

$$\begin{cases} G(x,z)=0 \\ y=0 \end{cases} \quad 与 \quad \begin{cases} F(y,z)=0 \\ x=0 \end{cases}$$

5.空间直线、平面及其方程

(1)平面的点法式方程.平面 π 过点 $M_0(x_0,y_0,z_0)$ 且与向量 $\boldsymbol{n}=(A,B,C)$ 垂直,则
$$A(x-x_0)+B(y-y_0)+C(z-z_0)=0$$

(2)空间直线的对称式方程.已知直线上的一点 $M_0(x_0,y_0,z_0)$,非零方向向量 $\boldsymbol{s}=(m,n,p)$,则
$$\frac{x-x_0}{m}=\frac{y-y_0}{n}=\frac{z-z_0}{p}$$

(3)直线、平面之间的位置关系.

1.2　学法建议

1.空间直角坐标系与坐标面

(1)点与卦限的对应关系.

第Ⅰ－Ⅳ卦限的点的正负号分别是:(正,正,正)、(正,负,正)、(负,负,正)、(负,正,正).

第Ⅴ－Ⅷ卦限的点的正负号分别是:(正,正,负)、(正,负,负)、(负,负,负)、(负,正,负).

(2)xOy 平面的方程是 $z=0$,同样 yOz 平面和 xOz 平面的方程分别是 $x=0$ 和 $y=0$.而 $x=a$,$y=b$ 和 $z=c$ 分别表示平行于坐标面 yOz、xOz、xOy 的平面.

2.理解几种常见的曲面方程

旋转曲面、母线平行于坐标轴的柱面、简单二次曲面;能由给出的条件或图形建立曲面方程或曲线方程;能由给出的方程想象出曲面、曲线图形;熟悉旋转曲面、柱面的方程与图形,了解二次曲面的图形的基本方程;掌握空间曲面的一般方程与参数方程.

3.熟记以下的式子

已知平面上一点 (x_0,y_0,z_0),法向量 $\boldsymbol{n}=(A,B,C)$,则

①平面的点法式方程为
$$A(x-x_0)+B(y-y_0)+C(z-z_0)=0$$

②平面的一般方程为　　$Ax+by+Cz+D=0$

③平面的截距式方程为　$\dfrac{x}{a}+\dfrac{y}{b}+\dfrac{z}{c}=1$

④两平面的夹角为　　$\cos\theta=\dfrac{|A_1A_2+B_1B_2+C_1C_2|}{\sqrt{A_1^2+B_1^2+C_1^2}\cdot\sqrt{A_2^2+B_2^2+C_2^2}}$

⑤点到平面的距离为　$d=\dfrac{|Ax_0+By_0+Cz_0+D|}{\sqrt{A^2+B^2+C^2}}$

若直线 $L_1:\dfrac{x-x_1}{m_1}=\dfrac{y-y_1}{n_1}=\dfrac{z-z_1}{p_1}$,直线 $L_2:\dfrac{x-x_2}{m_2}=\dfrac{y-y_2}{n_2}=\dfrac{z-z_2}{p_2}$.

⑥两直线的方向向量的夹角(锐角)为

$$\cos(L_1 \wedge L_2) = \frac{|m_1 m_2 + n_1 n_2 + p_1 p_2|}{\sqrt{m_1^2 + n_1^2 + p_1^2} \cdot \sqrt{m_2^2 + n_2^2 + p_2^2}}$$

两直线的位置关系为 $\quad L_1 \perp L_2 \Longleftrightarrow m_1 m_2 + n_1 n_2 + p_1 p_2 = 0$

$$L_1 // L_2 \Longleftrightarrow \frac{m_1}{m_2} = \frac{n_1}{n_2} = \frac{p_1}{p_2}$$

⑦直线 L 与平面 π 的位置关系: $\boldsymbol{s} = \{m, n, p\}, \boldsymbol{n} = \{A, B, C\}$

$$L \perp \pi \Longleftrightarrow \frac{A}{m} = \frac{B}{n} = \frac{C}{p}$$

$$L // \pi \Longleftrightarrow Am + Bn + Cp = 0$$

1.3 疑难解析

1. 下面各点分别位于空间直角坐标系中的哪个卦限:
   (1)$(1,-1,-1)$； (2)$(-1,-1,-1)$； (3)$(-1,1,-1)$； (4)$(1,1,-1)$；
   (5)$(1,-1,1)$； (6)$(-1,-1,1)$； (7)$(-1,1,1)$； (8)$(1,1,1)$.

解 (1)第Ⅷ卦限； (2)第Ⅶ卦限； (3)第Ⅵ卦限； (4)第Ⅴ卦限；
(5)第Ⅳ卦限； (6)第Ⅲ卦限； (7)第Ⅱ卦限； (8)第Ⅰ卦限.

2. 指出下列方程各表示什么图形:
   (1) $z + 2x^2 + y^2 = 0$；
   (2) $x^2 - 2y^2 = 0$；
   (3) $x^2 + y^2 - (z-1)^2 = 0$；
   (4) $z^2 = 5x$；
   (5) $x^2 - y^2 = 4z$；
   (6) $x^2 + y^2 = 0$；
   (7) $\begin{cases} x^2 + 4y^2 - 16z^2 = 64 \\ y = 0 \end{cases}$.

解 (1)顶点在 $(0,0,0)$，开口向下的椭圆抛物面；
(2)通过 z 轴的两相交平面；
(3)顶点在 $(0,0,1)$ 的圆锥面；
(4)母线平行于 y 轴，以 zOx 坐标面上 $z^2 = 5x$ 为准线的抛物柱面；
(5)双曲抛物面；
(6)Oz 轴；
(7)zOx 坐标面上的一条双曲线.

3. 已知动点 $M(x,y,z)$ 到 xOy 平面与 M 到点 $(1,-1,2)$ 的距离相等，求动点 M 的轨迹方程.

解 $|z| = \sqrt{(x-1)^2 + (y+1)^2 + (z-2)^2}$
所求的轨迹方程为 $(x-1)^2 + (y+1)^2 - 4z + 4 = 0$.

4. 求曲线 $\begin{cases} y^2 + z^2 - 2x = 0 \\ z = 3 \end{cases}$ 对 xOy 面的投影柱面和在 xOy 面上的投影曲线方程.

解 曲线在 xOy 面的投影柱面为 $y^2 - 2x + 9 = 0$，
曲线在 xOy 面上的投影曲线方程为 $\begin{cases} y^2 - 2x + 9 = 0 \\ z = 0 \end{cases}$.

5.求过点$(-3,2,5)$且与两平面$x-4z=3$和$2x-y-5z=1$的交线平行的直线方程.

解 设所求直线的方向向量为$s=\{m,n,p\}$,根据题意知$s\perp n_1,s\perp n_2$.

取$s=n_1\times n_2=\{-4,-3,-1\}$,所求直线的方程为$\dfrac{x+3}{4}=\dfrac{y-2}{3}=\dfrac{z-5}{1}$.

6.求过点$M(2,1,3)$且与直线$\dfrac{x+1}{3}=\dfrac{y-1}{2}=\dfrac{z}{-1}$垂直相交的直线方程.

解 先作一过点M且与已知直线垂直的平面$\pi:3(x-2)+2(y-1)-(z-3)=0$.

再求已知直线与该平面的交点N,令$\dfrac{x+1}{3}=\dfrac{y-1}{2}=\dfrac{z}{-1}=t\Rightarrow\begin{cases}x=3t-1\\y=2t+1\\z=-t\end{cases}$.

代入平面方程得$t=\dfrac{3}{7}$,交点$N\left(\dfrac{2}{7},\dfrac{13}{7},\dfrac{3}{7}\right)$.

取所求直线的方向向量为$\overrightarrow{MN}$,则$\overrightarrow{MN}=\left\{\dfrac{2}{7}-2,\dfrac{13}{7}-1,\dfrac{3}{7}-3\right\}=\left\{-\dfrac{12}{7},\dfrac{6}{7},-\dfrac{24}{7}\right\}$,

所求直线方程为$\dfrac{x-2}{2}=\dfrac{y-1}{-1}=\dfrac{z-3}{4}$.

1.4 习题

(一)选择题

1.点$(1,-5,-2)$在第( )卦限.
   (A) Ⅷ   (B) Ⅶ   (C) Ⅵ   (D) Ⅳ

2.点$(0,0,-2)$到xOy平面的距离是( ).
   (A) -2 (B) 2 (C) 1 (D) 0

3.下列方程中表示柱面的是( ).
   (A) $x^2-2y^2-z^2=1$ (B) $x^2+y^2+(z-2)^2=2$
   (C) $y^2+2z^2=1$ (D) $x^2+2y^2=z^2$

4.曲线$\begin{cases}4x^2-9y^2=36\\z=0\end{cases}$绕$x$轴旋转一周,所得曲面方程是( ).
   (A) $4(x^2+z^2)-9(y^2+z^2)=36$ (B) $4(x^2+z^2)-9y^2=36$
   (C) $4x^2-9(y^2+x^2)=36$ (D) $4x^2-9y^2=36$

5.方程$x^2+y^2=z^2$表示( ).
   (A)球面   (B)双曲面   (C)圆锥曲面   (D)双曲线

6.平行于y轴的平面是( ).
   (A) $x-3y=0$ (B) $x+2z=0$ (C) $x-2y+3z=0$ (D) $x+y+z=0$

7.$\begin{cases}z=\sqrt{y}\\x=0\end{cases}$绕$y$轴生成的旋转曲面方程是( ).
   (A) $z=\sqrt{x^2+y^2}$ (B) $x^2+y^2=y$ (C) $z=\sqrt{y}$ (D) $x^2+z^2=y^2$

8.在 $M(2,-3,1)$ 关于 xOy 平面的对称点是( ).
  (A)$(-2,3,-1)$　　(B)$(-2,-3,-1)$　　(C)$(2,-3,1)$　　(D)$(-2,3,1)$

(二)填空题

1.两点 $M_1(1,0,3)$、$M_2(-2,1,0)$ 之间的距离是_____.

2.以点 $(1,3,-2)$ 为球心,且通过原点的球面方程是_____.

3.球面 $x^2+y^2+z^2-2x-4y+4z=0$ 的中心是_____,半径 $R=$_____.

4.直角坐标系中的方程 $x^2+y^2=1$ 表示在极坐标中,其关系式_____.

5.直线 $y=-x(y\geqslant 0)$ 的极坐标转换式为_____.

6.椭圆 $\dfrac{x^2}{a^2}+\dfrac{y^2}{b^2}=1$ 转换为极坐标表达式_____.

7.方程 $x^2+y^2=x$ 表示的图形为_____,其极坐标方程为_____.

8.准线为 xOy 坐标面上以原点为圆心、半径为 2 的圆,母线为平行于 z 轴的圆柱面的方程为_____.

9.在空间直角坐标系中,方程 $z=x^2+y^2$ 的图形名称是_____.

10.球心在点 $(3,-1,4)$ 处,半径为 2 的球面的方程为_____.

11.过空间点 $M_0(x_0,y_0,z_0)$ 且与 xOy 面平行的平面方程为_____.

12.在空间解析几何中 $\begin{cases} x^2-4y^2=4z \\ y=-2 \end{cases}$ 表示_____.

13.二元函数 $z=\dfrac{\sqrt{4x-y^2}}{\ln(1-x^2-y^2)}$ 的定义域_____.

14.曲线 $\begin{cases} x^2-y^2=36 \\ z=0 \end{cases}$ 绕 x 轴旋转一圈,所得曲面方程_____.

15.方程 $\dfrac{x^2}{2}+\dfrac{y^2}{3}=1$ 所表示的曲面是_____.

16.方程 $\begin{cases} \dfrac{x^2}{4}+\dfrac{y^2}{9}=1 \\ y=3 \end{cases}$ 在平面解析几何中表示_____,在空间解析几何中表示_____.

(三)计算题

1.指出下列方程在平面解析几何中和空间解析几何中分别代表什么?并画出来.
  (1) $x=2$；　　　　　　　　(2) $x^2+y^2=4$；

  (3) $\dfrac{x^2}{4}-y^2=1$；　　　　　　(4) $\dfrac{x^2}{2}-\dfrac{y^2}{3}=z$；

(5) $y^2 = 4x$； (6) $x^2 + y^2 + z^2 = 0$.

2.将 xOy 面上的双曲线 $4x^2 - 9y^2 = 36$ 绕 x 轴旋转一周所形成的旋转曲面方程是什么？绕 y 轴旋转一周所形成的旋转曲面方程是什么？试着画出上述的立体几何体.

3.方程 $x^2 + y^2 + z^2 + Dx + Ey + Fz + G = 0$（$D$、$E$、$F$ 分别为非零常数）在空间解析几何中表示什么？是球面？是一个点？还是不存在实际的轨迹？举例一一说明.

4.一直线过点 $A(2, -3, 4)$，且与 y 轴垂直相交，求其方程.

5.设直线 $L: \dfrac{x-1}{2} = \dfrac{y}{-1} = \dfrac{z+1}{2}$，平面 $\pi: x - y + 2z = 3$，求直线与平面的夹角.

第 2 章 一元函数与多元函数

2.1 主要内容

1.邻域

a 与 δ 是两个实数,且 $\delta>0$,称实数集
$$\{x\mid |x-a|<\delta\}$$
为点 a 的 δ 的邻域,记作 $U(a,\delta)$,即 $U(a,\delta)=\{x\mid |x-a|<\delta\}$,点 a 称为邻域中心,δ 称为邻域半径.点 a 的 δ 的邻域在数轴上是以 a 为中心,2δ 为长度的开区间 $(a-\delta,a+\delta)$.点 a 的 δ 邻域去掉中心点 a 后,称为点 a 的去心 δ 邻域,记作 $\mathring{U}(a,\delta)$,即
$$\mathring{U}(a,\delta)=\{x\mid 0<|x-a|<\delta\}=(a-\delta,a)\cup(a,a+\delta)$$

2.平面上的邻域和区域

(1)平面点集.坐标平面上具有某种性质的点的集合.

(2)$U(P_0,\delta)$.在平面上,以点 $P_0(x_0,y_0)$ 为中心,$\delta>0$ 为半径的圆内所有的点 $P(x,y)$ 组成的点集 $U(P_0,\delta)=\{P\mid |P_0P|<\delta\}=\{(x,y)\mid \sqrt{(x-x_0)^2+(y-y_0)^2}<\delta\}$.

(3)$\mathring{U}(P_0,\delta)$.在 P_0 的 δ 邻域中去掉中心点 P_0 后的去心领域 $\mathring{U}(P_0,\delta)=\{P\mid 0<|P_0P|<\delta\}$.

(4)点集的内点、边界点及聚点.

(5)开集、闭集及区域.

3.多元函数的定义域、值域

$$f(D)=\{z\mid z=f(x,y),(x,y)\in D\}$$

4.一元函数的概念

(1)常量、变量、自变量、因变量;函数、函数值、函数的定义域、函数的值域.
确定函数的两要素:定义域与对应法则.
函数的表示方法:图示法、表格法、公式法.
分段函数.
解析式表示的函数的定义域,函数的求法.

(2)函数的几何特性.
单调递增、单调递减、单调函数、单调区间;有界函数、无界函数;

奇函数 $f(x)$ $f(-x)=-f(x)$

偶函数 $f(x)$ $f(-x)=f(x)$

周期函数 $f(x)$ $f(x+T)=f(x)$

(3) 反函数、复合函数.

反函数、直接函数、函数 $y=f(x)$ 与其反函数 $y=f^{-1}(x)$ 之间的关系.
$$f(f^{-1}(x))=x \quad x\in R(f)$$
$$f^{-1}(f(x))=x \quad x\in D(f)$$

函数 $y=f(x)$ 与其反函数 $y=f^{-1}(x)$ 的图形关于直线 $y=x$ 对称;严格单调函数必有反函数、复合函数;两个函数 $y=f(u)$ 与 $u=\varphi(x)$ 能复合成复合函数 $y=f(\varphi(x))$ 的条件;复合函数的定义域;简单函数的复合函数求法.

(4) 基本初等函数、初等函数.

5. 几类常见的经济函数

单利、复利多次付息函数,贴现函数;认识需求、供给函数;熟悉掌握成本函数、收益函数、利润函数.

设某产品的产量为 x,总收入函数为 $R(x)$,总成本函数为 $C(x)$,则对总利润函数 $L(x)$,有 $L(x)=R(x)-C(x)$.对每单位产品的利润,即平均利润,通常用 $\bar{L}(x)$ 表示,亦即 $\bar{L}(x)=\dfrac{L(x)}{x}$,显然,对平均利润 $\bar{L}(x)$,有 $\bar{L}(x)=\bar{R}(x)-\bar{C}(x)$.

2.2 学法建议

1. 函数的特性

函数的特性有有界性、单调性、奇偶性、周期性.对于有界性的理解,可以借助几何意义,有界函数的图形完全落在两条平行于 x 轴的直线 $y=\pm M$ 的中间,而对于其他性质:单调性、奇偶性、周期性等性质,借助于中学基础,则较易理解.

2. 多元(尤其是二元)函数求定义域

多元(尤其是二元)函数求定义域与一元函数类似,满足解析式有意义的自变量的取值范围,需要注意,二元函数的定义域为 $\{(x,y)|x,y$ 满足解析式 $f(x,y)\}$.

2.3 疑难解析

1. 求函数 $f(x)=\sqrt{2+x}+\dfrac{1}{\lg(1+x)}$ 的定义域.

解 要使函数有意义,必须使

$$\begin{cases}2+x\geqslant 0\\ 1+x>0\\ 1+x\neq 1\end{cases} \quad 得 \quad \begin{cases}x\geqslant -2\\ x>-1\\ x\neq 0\end{cases}$$

由此可得函数的定义域为 $D(f)=(-1,0)\cup(0,+\infty)$.

2.判断下列函数的奇偶性：

(1) $f(x)=2^x+\sin x$；　　　　　　(2) $f(x)=\ln(x+\sqrt{1+x^2})$；

(3) $f(x)=\begin{cases}-x^3+1, & x<0\\ x^3+1, & x\geqslant 0\end{cases}$.

解 (1)由于 $f(-x)=2^{-x}+\sin(-x)=2^{-x}-\sin x\neq f(x)$ 且 $f(-x)=2^{-x}-\sin x\neq -f(x)=-2^x-\sin x$.

因此函数 $f(x)$ 既不是奇函数，也不是偶函数(通常称这类函数为非奇非偶函数).

(2)由于

$$f(-x)=\ln(-x+\sqrt{1+(-x)^2})=\ln(-x+\sqrt{1+x^2})=\ln\frac{1}{x+\sqrt{1+x^2}}$$

$$=-\ln(x+\sqrt{1+x^2})=-f(x)$$

因此, $f(x)=\ln(x+\sqrt{1+x^2})$ 是奇函数.

(3)由于

$$f(-x)=\begin{cases}-(-x)^3+1, & -x<0\\ (-x)^3+1, & -x\geqslant 0\end{cases}=\begin{cases}x^3+1, & x>0\\ -x^3+1, & x\leqslant 0\end{cases}=\begin{cases}-x^3+1, & x<0\\ x^3+1, & x\geqslant 0\end{cases}=f(x)$$

因此, $f(x)$ 是偶函数.

3.指出下列函数的复合过程：

(1) $y=\ln\sqrt{x}$；　　　　(2) $y=\sin x^2$；　　　　(3) $y=\arctan e^{\frac{1}{x}}$.

解 (1)函数 $y=\ln\sqrt{x}$ 是由 $y=\ln u, u=\sqrt{x}$ 复合而成.

(2)函数 $y=\sin x^2$ 是由 $y=\sin u, u=x^2$ 复合而成.

(3)函数 $y=\arctan e^{\frac{1}{x}}$ 是由 $y=\arctan u, u=e^v, v=\frac{1}{x}$ 复合而成.

4.设函数 $y=f(x)$ 的定义域为 $(0,1]$，求下列复合函数的定义域：

(1) $f(x^2)$；　　　　(2) $f(\sin x)$；　　　　(3) $f(\ln x)$.

解 (1)要使函数 $f(x^2)$ 有意义，中间变量 $u=x^2$ 必在定义域 $(0,1]$ 中, $0<x^2\leqslant 1$，解得 $0<|x|\leqslant 1$，故 $f(x^2)$ 的定义域为 $[-1,0)\cup(0,1]$.

(2)由 $\sin x\in(0,1]$，即 $0<\sin x\leqslant 1$，可解得函数 $y=f(\sin x)$ 的定义域为 $(2k\pi,(2k+1)\pi)$，其中 $k\in\mathbf{Z}$.

(3)由 $\ln x\in(0,1]$，即 $0<\ln x\leqslant 1$，可解得函数 $y=f(\ln x)$ 的定义域为 $(1,e]$.

5.函数 $z=\sqrt{a^2-x^2-y^2}$ 的定义域是什么？

解 $\{(x,y)|x^2+y^2\leqslant a^2\}$. 它是 xOy 坐标面上一个以原点为中心、a 为半径的圆，为一有界闭区间.

6.设生产某种产品 x 件时的总成本为 $C(x)=20+2x+0.5x^2$，若每售出一件该商品的收入是 20 万元，求生产 20 件时的总利润和平均利润.

解 依题意,总收入函数为

$$R(x)=20x$$

则总利润函数为

$$L(x) = R(x) - C(x) = 20x - (20 + 2x + 0.5x^2) = -20 + 18x - 0.5x^2$$

当 $x = 20$ 时，总利润为
$$L(20) = (-20 + 18x - 0.5x^2)|_{x=20} = 140(万元)$$

平均利润为
$$\bar{L}(20) = \frac{L(20)}{20} = 7(万元/件)$$

由以上分析可知，利润是产量 x 的函数，但并非产量越高利润就越大. 这是因为，一方面生产产品的总成本是生产量 x 的增函数；另一方面，由于需求量 x（当市场均衡时，产量＝供给量＝需求量＝销售量）受到价格等诸多因素的影响往往不总是增加的，从而导致销售总收入 $R(x)$ 有时增加显著、有时增加缓慢，甚至可能增加到顶点，若继续销售，收入反而下降. 因此，利润函数 $L(x)$ 可能出现三种情况：

(1) $L(x) = R(x) - C(x) > 0$，厂商盈利，即生产处于有利润状态；

(2) $L(x) = R(x) - C(x) < 0$，厂商亏损，即生产处于亏损或负利润状态；

(3) $L(x) = R(x) - C(x) = 0$，厂商亏盈平衡，亏盈平衡时的产量 x_0 称为保本产量.

2.4 习题

(一) 填空题

1. 函数 $y = \sqrt{x-2} + \dfrac{1}{x-3} + \ln(5-x)$ 的定义域为_____.

2. 设 $y = f(x)$ 的定义域为 $[0, 1]$，则 $f(2x-3)$ 的定义域为_____.

3. 函数 $y = \sqrt{\dfrac{1}{4} - x^2}$ 的值域为_____.

4. 函数 $y = e^{\sin x^2}$ 是由基本初等函数_____复合而成的.

5. 设函数 $f(x) = \sin x$，$g(x) = x^2$，$h(x) = \ln x$，则函数 $f(g(h(x))) =$ _____.

6. 设 $f\left(\dfrac{1}{x}\right) = x + \dfrac{1}{x^2}$，则 $f(x) =$ _____.

7. 设 $f(x) = x^3 - 1$，则 $f(f(f(1))) =$ _____.

8. 二次函数 $z = \dfrac{1}{\sqrt{x^2 + y^2 - 1}}$ 的定义域为_____.

9. 函数 $z = \sqrt{1 - \dfrac{x^2}{a^2} - \dfrac{y^2}{b^2}}$ 的定义域为_____.

10. 函数 $z = \dfrac{1}{\sqrt{x^2 + y^2}}$ 的定义域为_____.

11. 函数 $z = \ln(-x-y)$ 的定义域为_____.

12. 成本函数 $C(x)$，收入函数 $R(x)$ 及利润函数 $L(x)$ 三者之间的关系为_____.

13. 在一般情况下，需求量 Q_d 与价格 p 之间是_____方向变动的；供给量 Q_s 与价格 p 之间是_____方向变动的.

(二)计算题

1.已知 $y=f(x)$ 的定义域是 $[0,1]$,求下列函数的定义域:
  (1) $f(x-4)$;　　　(2) $f(\lg x)$;　　　(3) $f(\sin x)$.

2.已知 $f(x)=x^2+x-3$,求 $f(2),f(-2),f(x+h)$.

3.下列各组函数是否相同?为什么?
  (1) $f(x)=x$,　　$g(x)=\sqrt{x^2}$;

  (2) $f(x)=x+1$,　　$g(x)=\dfrac{x^2-1}{x-1}$;

  (3) $f(x)=|x-1|$,　　$g(x)=\begin{cases}1-x, & x<1\\ 0, & x=1.\\ x-1, & x>1\end{cases}$

4.证明:函数 $y=\dfrac{x}{1+x^2}$ 有界.

5.下列函数哪些是周期函数？若是周期函数，请指出其周期：

(1) $y = \sin \dfrac{x}{2}$；　　　　　　(2) $y = \sin x + \cos x$；

(3) $y = x^2 - 1$；　　　　　　　(4) $y = |\sin x|$.

6.指出下列各函数是由哪些简单函数复合而成？

(1) $y = \log_a \sqrt{x}$；　　(2) $y = 5^{\cos x^2}$；　　(3) $y = \dfrac{1}{\sin(3x+1)}$；

(4) $y = \arctan^2\left(\dfrac{2x}{1-x^2}\right)$；　　(5) $y = 2^{x^2} + x^{-2}$；　　(6) $y = \sin^2(\sqrt{1-x^2})$.

7.设函数 $f(x) = \ln|x|$，求 $f(\sin x)$ 与 $f(e^x)$.

8.设 $f(x) = a^x$，$g(x) = \log_a x$，求：
　(1) $f(f(x))$；　　(2) $f(g(x))$；　　(3) $g(g(x))$；　　(4) $g(f(x))$.

9.设某厂日生产量最高为1000吨，每日产品的总成本 C（单位：元）是日产量 x（单位：吨）的函数

$$C = C(x) = 1000 + 7 \times 50\sqrt{x} \quad x \in [0, 1000]$$

试求当日产量为100吨时的总成本与平均成本.

第3章　极限与连续

3.1　主要内容

1. 数列及函数极限的概念

设数列 $\{x_n\}$ 和常数 a，如果对任意给定的任意小的正数 ε，总有正整数 N，当 $n>N$ 时，使得不等式 $|x_n-a|<\varepsilon$ 成立，则称常数 a 为数列 $\{x_n\}$ 的极限，记为 $\lim\limits_{n\to\infty}x_n=a$.

设函数 $f(x)$ 和常数 A，如果对任意给定的任意小的正数 ε，存在正常数 δ，当 $0<|x-x_0|<\delta$ 时，总有不等式 $|f(x)-A|<\varepsilon$ 成立，则称 A 为函数 $f(x)$ 在 $x\to x_0$ 时的极限，记为 $\lim\limits_{x\to x_0}f(x)=A$，或 $x\to x_0$ 时，$f(x)\to A$. 如果自变量 x 从右(左)侧趋于 x_0 时，$f(x)\to A$，则称 A 为 $x\to x_0$ 时的右(左)极限，记为 $\lim\limits_{x\to x_0^+}f(x)=A$（或 $\lim\limits_{x\to x_0^-}f(x)=A$）.

类似地，可定义 $x\to\infty$（或 $+\infty$，或 $-\infty$）时 $f(x)\to A$ 的极限.

$x\to X$（含 x_0 或 ∞）时，$f(x)\to A$ 的充要条件是 $\lim\limits_{x\to X^+}f(x)=A=\lim\limits_{x\to X^-}f(x)$.

若函数极限存在，则函数极限具有唯一性、局部有界性、局部保号性.

2. 无穷大量、无穷小量的概念及其性质

若 $x\to X$ 时，函数 $f(x)$ 取值无限增大，即 x 变化足够大时，函数 $f(x)$ 的绝对值大于任意给定的大的正数，则称 $f(x)$ 为 $x\to X$ 时的无穷大量，记作 $\lim\limits_{x\to X}f(x)=\infty$. 此时 $f(x)$ 有变化趋势，但无极限.

若 $\lim\limits_{x\to X}f(x)=0$，则称 $f(x)$ 为 $x\to X$ 时的无穷小量. 常数 0 是特殊的无穷小量.

无穷小量的性质：有限个无穷小量的和或乘积仍为无穷小量；无穷小量乘有界变量仍为无穷小量；无穷小量除以极限不为零的变量，仍为无穷小量.

关系：$x\to X$ 时，$f(x)\to A$ 的充要条件是 $f(x)$ 可表示为 A 与无穷小量 α 的和；当无穷小量 $\alpha\neq 0$ 时，$\dfrac{1}{\alpha}$ 为无穷大量；无穷大量的倒数为无穷小量.

3. 无穷小量的阶

设 α、β 为同一变化过程下的无穷小量，若 $\dfrac{\alpha}{\beta}\to 0$，则称 α 是比 β 高阶的无穷小量，或称 β 是比 α 低阶的无穷小量，记作 $\alpha=o(\beta)$；若 $\dfrac{\alpha}{\beta}\to c(c\neq 0)$，则称 α 与 β 为同阶无穷小量；特别地，当

$c=1$ 时,称 α 与 β 为等价无穷小量,记作 $\alpha \sim \beta$;若 $\dfrac{\alpha}{\beta^k} \to c(c \neq 0)$,则称 α 为 β 的 k 阶无穷小量.

常见的等价无穷小量($x \to 0$ 时):

$$\sin x \sim x, \quad \tan x \sim x, \quad \arcsin x \sim x, \quad \arctan x \sim x,$$
$$1-\cos x \sim \frac{1}{2}x^2, \quad \mathrm{e}^x - 1 \sim x, \quad \ln(1+x) \sim x, \quad (1+x)^\alpha - 1 \sim \alpha x.$$

4. 极限运算的法则与准则

法则 若 $x \to X$ 时,$f(x) \to A$,$g(x) \to B$,则

$$f(x) \pm g(x) \to A \pm B, \quad f(x) \cdot g(x) \to A \cdot B, \quad \frac{f(x)}{g(x)} \to \frac{A}{B}(B \neq 0)$$

准则 (1)单调有界数列必有极限.

(2)若 x 足够接近 X 时,不等式 $h(x) \leqslant f(x) \leqslant g(x)$ 成立,且 $x \to X$ 时,$h(x) \to A$,$g(x) \to A$,则 $x \to X$ 时 $f(x)$ 极限存在,且为 A.

两个重要极限 $\lim\limits_{x \to 0} \dfrac{\sin x}{x} = 1$;$\lim\limits_{x \to \infty}\left(1+\dfrac{1}{x}\right)^x = \lim\limits_{x \to 0}(1+x)^{\frac{1}{x}} = \mathrm{e}$.

5. 函数连续性概念

若 $\lim\limits_{x \to x_0} f(x) = f(x_0)$,则称函数 $f(x)$ 在点 x_0 处连续.若 $\lim\limits_{x \to x_0^+} f(x) = f(x_0)$ 或 $\lim\limits_{x \to x_0^-} f(x) = f(x_0)$,则称函数 $f(x)$ 在点 x_0 处右连续或左连续.函数 $f(x)$ 在点 x_0 处连续的充要条件是 $\lim\limits_{x \to x_0^+} f(x) = \lim\limits_{x \to x_0^-} f(x) = f(x_0)$.

如果函数 $f(x)$ 在开区间 (a,b) 内每一点都连续,则称函数 $f(x)$ 在该开区间连续.若函数 $f(x)$ 分别在端点 a、b 处右连续、左连续,则称函数 $f(x)$ 在闭区间 $[a,b]$ 上连续.

基本初等函数在其定义域内连续,初等函数在其定义区间内连续.

若 $x \to x_0$ 时,函数 $f(x)$ 的极限存在,但在点 x_0 处不连续,则称 x_0 为可去间断点;若 $f(x)$ 在点 x_0 处的左、右极限存在,但不相等,则称 x_0 为跳跃间断点;可去间断与跳跃间断统称为一类间断.若 $x \to x_0^+$ 或 x_0^- 时,函数 $f(x) \to \infty$,则称 x_0 为无穷间断点;若函数 $f(x)$ 振荡无极限,则称 x_0 为振荡间断点.

6. 闭区间上连续函数性质

若函数 $f(x)$ 在闭区间 $[a,b]$ 上连续,则 $f(x)$ 在 $[a,b]$ 上有界,且取到最大值 M 和最小值 m;

若函数 $f(x)$ 在闭区间 $[a,b]$ 上连续,且 $m \leqslant c \leqslant M$,其中 M 和 m 分别是 $f(x)$ 在 $[a,b]$ 上的最大值和最小值,则必存在点 $x \in [a,b]$,使得 $f(x) = c$;

若函数 $f(x)$ 在闭区间 $[a,b]$ 上连续,且 $f(a)f(b) \leqslant 0$,则必存在点 $x \in [a,b]$,使得 $f(x) = 0$.

3.2 学法建议

(1) 求解函数 $\lim\limits_{x \to x_0} f(x)$ 的极限时大致分为三类情况:

① 函数在 x_0 处有定义,则根据初等函数在其定义域内连续以及连续的定义代入 x_0 求出函数值 $f(x_0)$ 即得所求极限值 $\lim\limits_{x \to x_0} f(x) = f(x_0)$;

② 函数在 x_0 处无定义,但可以通过分解因式或者有理化变形后在 x_0 新的函数处有定义,则执行①的步骤即可.

③ 第三类就是当 $x \to x_0$,$f(x)$ 中含有乘积关系等价无穷小,可以通过等价无穷小代换,约分化简以后重复步骤①②,即可求得极限.

(2) 求解 $\lim\limits_{x \to \infty} f(x)$ 时,着重留意 $\lim\limits_{x \to \infty} \arctan x$ 的情况,以及分子分母都是 x 幂函数时的情况.

(3) 求解 1^∞ 类型极限时,要留意第二个重要极限 $\lim\limits_{x \to \infty}\left(1 + \dfrac{1}{x}\right)^x$ 的扩展公式 $\lim\limits_{\square \to \infty}\left(1 + \dfrac{1}{\square}\right)^\square$ 或者 $\lim\limits_{\square \to 0}(1 + \square)^{\frac{1}{\square}} = e$,其中 $\square$ 是一个关于 x 的整体变量,我们应该先验证极限类型,如果属于 1^∞ 这类极限,则应该先对底数进行分离变形化为标准形式 $(1 + \square)$,对指数进行变形,使得指数产生 $\dfrac{1}{\square}$,有 $\lim\limits_{\square \to 0}(1 + \square)^{\frac{1}{\square} \cdot \square \cdot 原指数}$,再将极限符号分配给底数和指数有

$$\lim_{\square \to 0}(1 + \square)^{\frac{1}{\square} \cdot \square \cdot 原指数} = \lim_{\square \to 0}((1 + \square)^{\frac{1}{\square}})^{\lim\limits_{\square \to 0}(\square \cdot 原指数)} = e^{\lim\limits_{\square \to 0}(\square \cdot 原指数)}$$

(4) 利用等价无穷小求极限时,要注意加减关系时不可进行无穷小代换,另外要留意变量的整体性,比如 $x \to 0$ 使得 $\square \to 0$($\square$ 为含 x 的多项式),$x \to 0$ 使得 $\square \to 0$,$\ln(1 + \square) \sim \square$.大家可自行扩展书上的公式.

(5) 判断分段函数在分段点处的连续性以及间断点的类型时,对于分段函数在分段点处连续性的判断需要求左右极限,计算时要注意求极限时代入的函数表达式是否正确.对于特殊函数的间断点类型要熟记,比如 $\lim\limits_{x \to 0} \sin\dfrac{1}{x}$ 属于极限不存在的震荡间断点,这里必须熟记 $\lim\limits_{x \to \infty} \sin x$ 没有极限.

(6) 利用闭区间上连续函数的性质判断方程有根或某等式成立时,需要根据方程自设函数 $f(x)$,先根据题意选择合适的闭区间使用零点定理,证明函数 $f(x)$ 在该区间内至少存在一个零点 x_0 使得 $f(x_0) = 0$,即 x_0 为原方程的一个根,故方程至少有一实根.

3.3 疑难解析

1. 求数列极限 $\lim\limits_{n \to \infty}(1^n + 2^n + 3^n + 4^n)^{\frac{1}{n}}$.

分析:底数多项且不能合并,但是若放大或缩小可以统一为 $\square^n$,即可以化简底数还可以约去指数,得 $4^n < (1^n + 2^n + 3^n + 4^n) < 4 \times 4^n = 4^{n+1}$,所以有

$$(4^n)^{\frac{1}{n}} < (1^n + 2^n + 3^n + 4^n)^{\frac{1}{n}} < (4 \times 4^n)^{\frac{1}{n}} = 4^{\frac{n+1}{n}}$$

又因为$\lim\limits_{n\to\infty}(4^n)^{\frac{1}{n}}=4, \lim\limits_{n\to\infty}4^{\frac{n+1}{n}}=4$,所以由夹逼定理可知$\lim\limits_{n\to\infty}(1^n+2^n+3^n+4^n)^{\frac{1}{n}}=4$.

2.$\lim\limits_{x\to\infty}\left(\dfrac{x-2}{x+1}\right)^x$.

分析:给底数和指数同时求极限可得到1^∞,属于第二个重要极限,需先对底数进行变形.

解 $\lim\limits_{x\to\infty}\left(\dfrac{x-2}{x+1}\right)^x=\lim\limits_{x\to\infty}\left(\dfrac{x+1-3}{x+1}\right)^x=\lim\limits_{x\to\infty}\left(1+\dfrac{-3}{x+1}\right)^x$,这里的$\dfrac{-3}{x+1}$即是公式中的□,然后进行配指数有:原式$=\lim\limits_{x\to\infty}\left(1+\dfrac{-3}{x+1}\right)^x=\lim\limits_{x\to\infty}\left(1+\dfrac{-3}{x+1}\right)^{\frac{x+1}{-3}\cdot\frac{-3}{x+1}\cdot x}=\lim\limits_{x\to\infty}\left[\left(1+\dfrac{-3}{x+1}\right)^{\frac{x+1}{-3}}\right]^{\frac{-3x}{x+1}}$

$$=\lim\limits_{x\to\infty}\left[\left(1+\dfrac{-3}{x+1}\right)^{\frac{x+1}{-3}}\right]^{\lim\limits_{x\to\infty}\frac{-3x}{x+1}}=e^{\lim\limits_{x\to\infty}\frac{-3x}{x+1}}=e^{-3}$$

3.$\lim\limits_{x\to 0}\dfrac{\sin 2x - x}{2x - \sin 3x}$.

分析:函数在$x=0$处无定义不能代入求极限,不能分解因式不能有理化,原式中的$\sin 2x$、$\sin 3x$虽然是$x\to 0$时的等价无穷小,但由于和其他项之间是加减关系而不能进行等价无穷小代换,如果代换则有$\lim\limits_{x\to 0}\dfrac{\sin 2x-x}{2x-\sin 3x}=\lim\limits_{x\to 0}\dfrac{2x-x}{2x-3x}=-1$,无论答案是否正确,这种代换是错误的.

解 $\lim\limits_{x\to 0}\dfrac{\sin 2x - x}{2x - \sin 3x}=\lim\limits_{x\to 0}\dfrac{2x\left(\dfrac{\sin 2x}{2x}-\dfrac{1}{2}\right)}{3x\left(\dfrac{2}{3}-\dfrac{\sin 3x}{3x}\right)}=\dfrac{2}{3}\lim\limits_{x\to 0}\dfrac{\left(\dfrac{\sin 2x}{2x}-\dfrac{1}{2}\right)}{\left(\dfrac{2}{3}-\dfrac{\sin 3x}{3x}\right)}$

$$=\dfrac{2}{3}\dfrac{\lim\limits_{x\to 0}\left(\dfrac{\sin 2x}{2x}-\dfrac{1}{2}\right)}{\lim\limits_{x\to 0}\left(\dfrac{2}{3}-\dfrac{\sin 3x}{3x}\right)}=\dfrac{2}{3}\dfrac{\left(\lim\limits_{x\to 0}\dfrac{\sin 2x}{2x}-\lim\limits_{x\to 0}\dfrac{1}{2}\right)}{\left(\lim\limits_{x\to 0}\dfrac{2}{3}-\lim\limits_{x\to 0}\dfrac{\sin 3x}{3x}\right)}=\dfrac{2}{3}\times\dfrac{1-\dfrac{1}{2}}{\dfrac{2}{3}-1}=-1$$

4.若极限$\lim\limits_{x\to 1}\dfrac{x^2+ax+b}{1-x}=5$,求$a,b$的值.

分析:当$x\to 1$时分母极限为零,为无穷小,而极限结果为5,说明分子和分母为同阶无穷小,故有$x\to 1,(x^2+ax+b)\to 0$.根据极限的性质则有$\lim\limits_{x\to 1}(x^2+ax+b)=0$即$1+a+b=0$,$b=-(a+1)$代入化简即可.

解 $\lim\limits_{x\to 1}\dfrac{x^2+ax+-a-1}{1-x}=\lim\limits_{x\to 1}\dfrac{x^2-1+ax-a}{1-x}=\lim\limits_{x\to 1}\dfrac{(x-1)(x+1)+a(x-1)}{1-x}$

$$=\lim\limits_{x\to 1}\dfrac{(x-1)(x+1+a)}{-(x-1)}=\lim\limits_{x\to 1}-(x+1+a)=-(2+a)=5$$

则有$a=-7,b=6$.

5.设$f(x)$与$g(x)$是在区间$[a,b]$上的两个连续函数,且$f(a)>g(a),f(b)<g(b)$.试证在(a,b)内至少存在一点ξ使得$f(\xi)=g(\xi)$.

分析:此类证明首先要确定应用零点定理的函数,一般情况下是将待证明式子中的未知字母换成x再移项使之恒等于零即可,等式左边即是我们要用的函数.$f(\xi)=g(\xi)\Rightarrow f(x)=$

$g(x) \Rightarrow f(x) - g(x) = 0$.

解 设 $F(x) = f(x) - g(x), x \in [a,b]$, $f(x)$ 与 $g(x)$ 在区间 $[a,b]$ 上连续, 故有 $F(x)$ 在区间 $[a,b]$ 上连续, 则有 $\begin{cases} F(a) = f(a) - g(a) > 0 \\ F(b) = f(b) - g(b) < 0 \end{cases}$. 由零点定理得区间 $[a,b]$ 内至少存在一点 ξ 使得 $F(\xi) = 0$ 即 $F(\xi) = f(\xi) - g(\xi) = 0$, 有 $f(\xi) = g(\xi)$.

3.4 习题

3.4.1 一元函数的极限

(一)选择题

1. 当 $n \to \infty$ 时, 下列数列极限为 0 的是( ).

   (A) $\cos \dfrac{1}{n}$　　　(B) $\ln \dfrac{1}{n}$　　　(C) $\sin \dfrac{n\pi}{2}$　　　(D) $(-1)^n \dfrac{1}{n}$

2. 设函数 $f(x) = \begin{cases} x+2, & x<0 \\ 2, & x=0 \\ e^x, & x>0 \end{cases}$, 则 $\lim\limits_{x \to 0} f(x) = ($ 　　$)$.

   (A) 1　　　(B) 不存在　　　(C) 2　　　(D) 0

(二)填空题

1. 极限 $\lim\limits_{x \to a} f(x) = A \Leftrightarrow$ _____ ;

2. 极限 $\lim\limits_{x \to \infty} f(x) = A \Leftrightarrow$ _____ ;

3. 在下列空格中填入"充分""必要"和"充要".

   (1) $\{x_n\}$ 有界是 $\{x_n\}$ 收敛的 _____ 条件, $\{x_n\}$ 收敛是 $\{x_n\}$ 有界的 _____ 条件;

   (2) $f(x_0^+)$、$f(x_0^-)$ 存在且相等是 $f(x)$ 连续的 _____ 条件.

   (3) 设 $\{x_n\}$ 为发散数列, 则 $\{x_n\}$ 是 _____ 数列(有界、无界、可能有界也可能无界).

(三)求下列数列的极限

1. $\lim\limits_{n \to \infty} \sin\left[\dfrac{n + (-1)^n}{n}\right]$;　　　　2. $\lim\limits_{n \to \infty} \dfrac{1}{2^n}$;

3. $\lim\limits_{n \to \infty} \dfrac{1 + 2 + \cdots + n}{n^2}$;　　　　4. $\lim\limits_{n \to \infty} \dfrac{2n+1}{\sqrt{n^2+1}}$;

5. $\lim\limits_{x \to -\frac{1}{2}} \dfrac{1-4x^2}{2x+1}$;

6. $\lim\limits_{x \to \infty} \dfrac{x^2+x}{x^4-x+1}$;

7. $\lim\limits_{x \to +\infty} \dfrac{\sqrt{x}-\sqrt{a}}{\sqrt{x-a}}$;

8. $\lim\limits_{x \to +\infty} (\sqrt{x^2+1}-x)$;

9. $\lim\limits_{x \to +\infty} \arctan x$;

10. $\lim\limits_{x \to -\infty} \arctan x$;

11. $\lim\limits_{x \to 0^+} e^{\frac{1}{x}}$;

12. $\lim\limits_{x \to 0^-} e^{\frac{1}{x}}$;

13. $\lim\limits_{x \to 0^+} \ln x$;

14. $\lim\limits_{x \to +\infty} \ln x$.

(四)计算题

1. 设函数 $f(x) = \begin{cases} x, & |x| \leqslant 1 \\ 1, & |x| > 1 \end{cases}$.

(1) 求函数 $f(x)$ 的定义域并作出函数图形;

(2) 求 $f(1), f(1^+), f(1^-), f(-1), f(-1^+), f(-1^-)$;

(3) 函数 $f(x)$ 在 $x = \pm 1$ 处的极限存在么?

2. 求函数 $f(x) = \dfrac{x}{x}, g(x) = \dfrac{|x|}{x}$ 当 $x \to 0$ 时的左右极限,并说明这两个函数在 $x \to 0$ 时的极限是否存在.

3. 证明函数 $f(x)=\begin{cases}\dfrac{2}{\pi}\arctan\dfrac{1}{x}, & x<0 \\ \dfrac{3^x-1}{3^x+2}, & x>0\end{cases}$ 在 $x=0$ 处的极限不存在.

3.4.2 无穷大量与无穷小量

(一) 指出下列算式中的错误,写出正确的算式并计算结果

1. $\lim\limits_{n\to\infty}(n-\dfrac{n^2}{n+1})=\lim\limits_{n\to\infty}n-\lim\limits_{n\to\infty}\dfrac{n^2}{n+1}=(+\infty)-(+\infty)=0$

2. $\lim\limits_{n\to\infty}(\dfrac{1}{\sqrt{n^2+1}}+\dfrac{1}{\sqrt{n^2+2}}+\cdots+\dfrac{1}{\sqrt{n^2+n}})=\lim\limits_{n\to\infty}\dfrac{1}{\sqrt{n^2+1}}+\lim\limits_{n\to\infty}\dfrac{1}{\sqrt{n^2+2}}+\cdots+\lim\limits_{n\to\infty}\dfrac{1}{\sqrt{n^2+n}}$
$=0+0+\cdots+0=0$

(二) 填空题

在"充分非必要""必要非充分""充分必要"三者中选择一个正确的填入下列表格内.
(1) 函数 $f(x)$ 在 x_0 的某一邻域内有界是 $\lim\limits_{x\to x_0}f(x)$ 存在的 _____ 条件;
(2) 函数 $f(x)$ 在 x_0 的某一邻域内无界是 $\lim\limits_{x\to x_0}f(x)=\infty$ 的 _____ 条件;
(3) 函数 $f(x)$ 在 x_0 左右极限存在是 $\lim\limits_{x\to x_0}f(x)$ 存在的 _____ 条件;

(三) 计算下列函数的极限

1. $\lim\limits_{x\to 0}\dfrac{4x^3-2x^2+x}{3x^2+5x}$;

2. $\lim\limits_{x\to 0}\dfrac{x^3+3x^2-x-3}{x^2+x-6}$;

3. $\lim\limits_{x\to 0}x\sin\dfrac{1}{x}$;

4. $\lim\limits_{x\to\infty}\dfrac{\sin x}{x}$;

5. $\lim\limits_{h \to 0} \dfrac{e^{x+h} - e^x}{h}$;

6. $\lim\limits_{x \to \infty} \dfrac{2x^4 + x^2 + 1}{3x^4 + x - 1}$;

7. $\lim\limits_{x \to +\infty} \dfrac{\arctan(\ln x)}{x}$;

8. $\lim\limits_{x \to +\infty} \arctan(x - \sin(\ln x))$.

(四)计算题

1. 已知 $\lim\limits_{x \to \infty} \left(\dfrac{x^2 + 1}{x + 1} - ax - b \right) = 0$，求常数 a 与 b.

2. 设函数 $f(x) = \begin{cases} x^2 \sin \dfrac{1}{x}, & x > 0 \\ 0, & x = 0 \\ x^2 - x, & x < 0 \end{cases}$，求 $\lim\limits_{x \to 0} \dfrac{f(x) - f(0)}{x}$.

3. 设函数 $f(x) = \begin{cases} 2 - e^{\frac{1}{x}}, & x < 0 \\ e^{-\frac{1}{x}} + 2, & x > 0 \end{cases}$，求 $\lim\limits_{x \to 0} f(x)$.

3.4.3 极限的运算

(一)单项选择题

1. 设 $f(x)$ 在点 x_0 处连续，$\Delta y = f(x_0 + \Delta x) - f(x_0)$，则当 $\Delta x \to 0$ 时，Δy (　　).
   (A) 只可能是比 Δx 高阶无穷小量
   (B) 只可能是比 Δx 同阶无穷小量
   (C) 只可能是比 Δx 低阶无穷小量
   (D) 是无穷小量但与 Δx 相比的阶数不能确定

2. 设 $\lim\limits_{x\to\infty}\left(\dfrac{x+2a}{x-a}\right)^x = 27$，则 $a = ($ $)$.

(A)1 (B)ln3 (C)e^{-1} (D)0

3. $\lim\limits_{n\to\infty}\left(\dfrac{1}{n^2+1} + \dfrac{2}{n^2+2} + \cdots + \dfrac{n}{n^2+n}\right) = ($ $)$

(A)2 (B)0 (C)1 (D)$\dfrac{1}{2}$

(二) 填空题

1. $\lim\limits_{x\to\infty}\dfrac{\arctan 3x}{x} = $ _____；$\lim\limits_{x\to 0}\dfrac{\tan 3x}{x} = $ _____；

2. $\lim\limits_{x\to 0}\dfrac{1-\cos 2x}{x\sin x} = $ _____；$\lim\limits_{n\to\infty} 2^n \sin\dfrac{x}{2^n} = $ _____；

3. $\lim\limits_{x\to\infty}\left(\dfrac{1+x}{x}\right)^{2x} = $ _____；$\lim\limits_{x\to\infty}\left(1-\dfrac{1}{x}\right)^{kx} = $ _____；

4. $\lim\limits_{x\to 0}\dfrac{x^2 \sin\dfrac{1}{x}}{\tan x} = $ _____；$\lim\limits_{x\to 0}\dfrac{\sqrt{1+\sin x}-1}{x^2} = $ _____；

5. 若 $\lim\limits_{x\to 1}\dfrac{\sin a(x-1)}{x^2-1} = 1$，则常数 $a = $ _____.

(三) 计算题

1. 求 $\lim\limits_{x\to 0}(1+3\tan^2 x)^{\cot^2 x}$.

2. 求 $\lim\limits_{t\to 0}\dfrac{\sqrt{1-\cos t}}{t}$.

3. 求 $\lim\limits_{x\to\infty}\left(\dfrac{x+7}{x-1}\right)^{2x}$.

4. 求 $\lim\limits_{x\to 0}\dfrac{e^{\alpha x} - e^{\beta x}}{x}$ $(\alpha \neq \beta)$.

(四) 证明题

证明：$\lim\limits_{n\to\infty} n\left(\dfrac{1}{n^2+\pi} + \dfrac{1}{n^2+2\pi} + \cdots + \dfrac{1}{n^2+n\pi}\right) = 1$.

3.4.4 一元函数的连续性

(一)选择题

1. 设 $f(x)=(1-x)^{\frac{1}{x}}$ 在点 $x=0$ 连续,则应补充定义 $f(0)=($ 　　 $)$.
   (A)1　　　　　　(B)e　　　　　　(C)e^{-1}　　　　　　(D)0

2. 设 $f(x)=\lim\limits_{n\to\infty}\dfrac{1+x}{1+x^{2n}}$,讨论 $f(x)$ 的间断点,其结论为(　　).
   (A)不存在间断点　　　　　　(B)存在间断点 $x=1$
   (C)存在间断点 $x=0$　　　　　　(D)存在间断点 $x=-1$

(二)填空题

1. 函数 $f(x)=\dfrac{x^3+3x^2-x-3}{x^2+x-6}$ 的连续区间是 _____.
   函数极限 $\lim\limits_{x\to 0}f(x)=$ _____, $\lim\limits_{x\to -3}f(x)=$ _____, $\lim\limits_{x\to 2}f(x)=$ _____.

2. 若 $f(x)$ 在 $x=1$ 处连续,且 $f(1)=\dfrac{1}{2}$,则 $\lim\limits_{x\to 0}f\left(\dfrac{e^x-1}{x}\right)=$ _____.

3. 若函数 $f(x)=\begin{cases}\dfrac{2}{x}\sin x, & x<0\\ k, & x=0,\\ x\sin\dfrac{1}{x}+2, & x>0\end{cases}$ 则当 $k=$ _____ 时,函数 $f(x)$ 在其定义域内连续.

4. 为使函数 $f(x)=\dfrac{1}{x}\ln(1+xe^x)$ 在 $x=0$ 处连续,则应补充定义 $f(0)=$ _____.

5. 设函数 $f(x)=\begin{cases}x\cos\dfrac{1}{x}+1, & x>0\\ 2A+x^2, & x\leqslant 0\end{cases}$,当 $A=$ _____ 时,$f(x)$ 在 $x=0$ 处连续.

(三)计算题

设函数 $f(x)=\begin{cases}\dfrac{\sqrt{1+a\sin^2 x}-b}{x^2}, & x\neq 0\\ 2, & x=0\end{cases}$ 在 $x=0$ 处连续,求 a、b 的值.

(四)解答题

下列函数在指出的点处间断,说明这些间断点属于哪一类？如果是可去间断点,则补充或改变函数的定义使它连续.

1. $y = \dfrac{x^2-1}{x^2-3x+2}$, $x=1$, $x=2$.   2. $y = \sin x \cdot \sin \dfrac{1}{x}$, $x=0$.

(五)证明题

1. 证明:方程 $2^x \cdot x - 1 = 0$ 在区间 $(0,1)$ 内至少有一实根.

2. 设 $f(x)$ 在闭区间 $[0,1]$ 上连续,且 $f(0)=f(1)$,证明:一定存在 $x_0 \in \left[0, \dfrac{1}{2}\right]$ 使得 $f(x_0) = f\left(x_0 + \dfrac{1}{2}\right)$.

3. 证明:方程 $x^3 - 3x = 1$ 至少有一个根介于 1 和 2 之间.

4. 设 $f(x) = e^x - 2$,试证在区间 $(0,2)$ 内至少存在一点 x,使得 $f(x) = x$.

3.4.5 二元函数极限与连续

(一)选择题

1. 下列结论中,正确的是( ).

   (A) 若 $\lim\limits_{x \to x_0}[\lim\limits_{y \to y_0} f(x,y)]$ 存在,则 $\lim\limits_{\substack{x \to x_0 \\ y \to y_0}} f(x,y)$ 存在

   (B) 若 $\lim\limits_{x \to x_0}[\lim\limits_{y \to y_0} f(x,y)]$ 和 $\lim\limits_{y \to y_0}[\lim\limits_{x \to x_0} f(x,y)]$ 均存在,则 $\lim\limits_{\substack{x \to x_0 \\ y \to y_0}} f(x,y)$ 存在

(C)若 $\lim\limits_{\substack{x \to x_0 \\ y \to y_0}} f(x,y)$ 存在,则 $\lim\limits_{x \to x_0}[\lim\limits_{y \to y_0} f(x,y)]$ 和 $\lim\limits_{y \to y_0}[\lim\limits_{x \to x_0} f(x,y)]$ 均存在

(D)如果 $\lim\limits_{\substack{x \to x_0 \\ y \to y_0}} f(x,y)$ 存在,且 $\lim\limits_{x \to x_0} f(x,y)$,$\lim\limits_{y \to y_0} f(x,y)$ 存在,则两个二次极限存在,且相等,即 $\lim\limits_{x \to x_0}[\lim\limits_{y \to y_0} f(x,y)] = \lim\limits_{y \to y_0}[\lim\limits_{x \to x_0} f(x,y)]$

2.下列函数中( )在其定义域内不连续.

(A)$z = \sqrt{|xy|}$ (B)$z = \ln|x+y-1|$

(C)$z = \begin{cases} \dfrac{xy}{x^2+y^2}, & (x,y) \neq (0,0) \\ 0, & (x,y) = (0,0) \end{cases}$ (D)$z = \begin{cases} \dfrac{x^2 y}{x^2+y^2}, & (x,y) \neq (0,0) \\ 0, & (x,y) = (0,0) \end{cases}$

(二)填空题

1.函数 $z = \dfrac{1}{\ln\sqrt{x-y^2}}$ 的定义域为_____.

2.函数 $z = \ln(y^2 - 2x + 1)$ 的定义域为_____.

3.函数 $z = \dfrac{\sqrt{4x - y^2}}{\ln(1 - x - y^2)}$ 的定义域为_____.

4.函数 $z = \arccos\dfrac{1}{x+y}$ 的定义域为_____.

(三)求下列函数极限

1.$\lim\limits_{\substack{x \to 0 \\ y \to 1}} \dfrac{x^2 \sin y}{x^2 + y^2}$;

2.$\lim\limits_{\substack{x \to 1 \\ y \to 2}} \sqrt{12 - x^2 - y^2}$;

3.$\lim\limits_{\substack{x \to 0 \\ y \to 0}} \dfrac{y \sin x}{3 - \sqrt{x \sin y + 9}}$;

4.$\lim\limits_{\substack{x \to 0 \\ y \to 0}} \dfrac{2 - \sqrt{xy + 4}}{xy}$.

3.4.6 综合练习

(一)填空题

1.在下列空格中填入"充分""必要"和"充要".

(1)$\{x_n\}$ 有界是 $\{x_n\}$ 收敛的_____条件,$\{x_n\}$ 收敛是 $\{x_n\}$ 有界的_____条件;

(2)$f(x_0^+), f(x_0^-)$ 存在且相等是 $f(x)$ 连续的_____条件.

2.设 $\{x_n\}$ 为发散数列,则 $\{x_n\}$ 是_____数列(有界、无界、可能有界也可能无界).

3.若 $f(x)=e^{|x|}$，$\varphi(x)=\dfrac{1}{2}(x+|x|)$，则 $f(\varphi(x))=$ _____，$\varphi(f(x))=$ _____.

4.若 $x\to\infty$ 时，无穷小量 $\dfrac{1}{x}\sin^2\dfrac{1}{x}\sim\dfrac{1}{x^p}$，则 $p=$ _____.

5.$\lim\limits_{x\to 0^+}e^{\frac{1}{x}}=$ _____，$\lim\limits_{x\to 0^-}e^{\frac{1}{x}}=$ _____，$x=$ _____ 是 _____ （哪一类间断点或连续点）.

6.方程 $x^3-4x-1=0$ 至少有一实根是在区间 _____ 内（$(-1,0)$、$(0,1)$、$(1,2)$）.

(二) 求下列极限

1.$\lim\limits_{h\to 0}\dfrac{e^{x+h}-e^x}{h}$.

2.$\lim\limits_{x\to+\infty}\left(\dfrac{3x-4}{3x+2}\right)^{\frac{x+1}{2}}$.

(三) 计算题

1.若 $x_n=\sqrt[n]{a_1^n+a_2^n+\cdots+a_k^n}$，且 $a_1,a_2,\cdots,a_k>0$，求 $\lim\limits_{n\to\infty}x_n$.

2.若 $\lim\limits_{x\to\infty}(\sqrt{x^2-x+1}-ax-b)=0$，求 a,b 的值.

3.求使函数 $f(x)=\begin{cases}x^a\sin\dfrac{1}{x}, & x>0\\ \ln(1+x)+b, & -1<x\leqslant 0\end{cases}$ 连续的 a,b 值.

4.计算 $\lim\limits_{x\to 0}(\cos x)^{\frac{1}{1-\cos x}}$.

第4章 导数与微分

数学中研究导数、微分及其应用的部分称为微分学.微分学在自然科学和工程实践中有着广泛的应用,导数与微分是微分学中两个重要的基本概念,它们之间有着密切的联系.本章的重点是理解一元函数导数与微分以及多元函数偏导数与全微分的定义、几何意义、经济意义等;熟练掌握各种求导数、求偏导数的方法,特别是复合函数的求导方法.

4.1 主要内容

1.导数的概念

(1)函数在点 x_0 处的导数:$f'(x_0) = \lim\limits_{\Delta x \to 0} \dfrac{\Delta y}{\Delta x} = \lim\limits_{\Delta x \to 0} \dfrac{f(x_0 + \Delta x) - f(x_0)}{\Delta x}$

(2)左右导数:$f'_-(x_0) = \lim\limits_{\Delta x \to 0^-} \dfrac{\Delta y}{\Delta x} = \lim\limits_{\Delta x \to 0^-} \dfrac{f(x_0 + \Delta x) - f(x_0)}{\Delta x} = \lim\limits_{x \to x_0^-} \dfrac{f(x) - f(x_0)}{x - x_0}$

$f'_+(x_0) = \lim\limits_{\Delta x \to 0^+} \dfrac{\Delta y}{\Delta x} = \lim\limits_{\Delta x \to 0^+} \dfrac{f(x_0 + \Delta x) - f(x_0)}{\Delta x} = \lim\limits_{x \to x_0^+} \dfrac{f(x) - f(x_0)}{x - x_0}$

函数 $f(x)$ 在点 x_0 处可导的充分必要条件是左导数和右导数均存在且相等.

(3)导函数:如果函数 $f(x)$ 在区间 I 内每一点 x 处均可导,这样就构成了一个新的函数,这个函数称为原来函数 $f(x)$ 的导函数,记为 $f'(x)$.

$$f'(x) = \lim_{h \to 0} \dfrac{f(x+h) - f(x)}{h}$$

2.一元函数可导与连续的关系

如果函数 $y = f(x)$ 在点 x_0 处可导,则函数 $y = f(x)$ 在点 x_0 处连续,反之未必.

3.偏导数的定义

(1)函数 $z = f(x, y)$ 在 (x_0, y_0) 处的偏导数:

$$\left.\dfrac{\partial z}{\partial x}\right|_{(x_0, y_0)} = f_x(x_0, y_0) = \lim_{\Delta x \to 0} \dfrac{\Delta z_x}{\Delta x} = \lim_{\Delta x \to 0} \dfrac{f(x_0 + \Delta x, y_0) - f(x_0, y_0)}{\Delta x}$$

$$\left.\dfrac{\partial z}{\partial y}\right|_{(x_0, y_0)} = f_y(x_0, y_0) = \lim_{\Delta y \to 0} \dfrac{\Delta z_y}{\Delta y} = \lim_{\Delta y \to 0} \dfrac{f(x_0, y_0 + \Delta y) - f(x_0, y_0)}{\Delta y}$$

(2)偏导函数:

如果二元函数 $z = f(x, y)$ 在区域 D 内每一点处对 x、y 的偏导数都存在,那么这个偏导

数就是 x、y 的函数,它称为对 x、y 的偏导函数.

$$\frac{\partial z}{\partial x}=f_x(x,y)=\lim_{\Delta x\to 0}\frac{\Delta z_x}{\Delta x}=\lim_{\Delta x\to 0}\frac{f(x+\Delta x,y)-f(x,y)}{\Delta x}$$

$$\frac{\partial z}{\partial y}=f_y(x,y)=\lim_{\Delta y\to 0}\frac{\Delta z_y}{\Delta y}=\lim_{\Delta y\to 0}\frac{f(x,y+\Delta y)-f(x,y)}{\Delta y}$$

4.导数的几何意义和经济意义

(1)几何意义:

一元函数 $y=f(x)$ 在点 x_0 处的导数 $f'(x_0)$ 在几何上表示曲线 $y=f(x)$ 在点 $(x_0,f(x_0))$ 处的切线的斜率,即 $f'(x_0)=\tan\alpha$,其中 α 是切线的倾角.

曲线 $y=f(x)$ 在点 $(x_0,f(x_0))$ 处的:

切线方程为 $y-f(x_0)=f'(x_0)(x-x_0)$.

法线方程为 $y-f(x_0)=-\dfrac{1}{f'(x_0)}(x-x_0)$ ($f'(x_0)\neq 0$).

(2)经济意义:导数的经济意义就是微观经济学中的边际量.

5.函数的四则运算法则

若函数 $u=u(x)$ 及 $v=v(x)$ 在点 x 处可导,则其和、差、积、商(除分母为零的点外)都在点 x 处可导,且

$$[u(x)\pm v(x)]'=u'(x)\pm v'(x)$$

$$[u(x)v(x)]'=u'(x)v(x)+u(x)v'(x)$$

$$\left[\frac{u(x)}{v(x)}\right]'=\frac{u'(x)v(x)-u(x)v'(x)}{[v(x)]^2} \quad (v(x)\neq 0)$$

6.反函数的导数

反函数求导法则:若函数 $x=\varphi(y)$ 在某区间内单调可导且 $\varphi'(y)\neq 0$,则它的反函数 $y=f(x)$ 在对应的区间内也可导,且 $f'(x)=\dfrac{1}{\varphi'(y)}$.

7.一元复合函数的导数

复合函数求导法则(链式法则):如果函数 $u=\varphi(x)$ 在点 x 处可导,而函数 $y=f(u)$ 在对应的点 $u=\varphi(x)$ 处可导,则复合函数 $y=f(\varphi(x))$ 在点 x 处可导,且其导数为

$$\frac{\mathrm{d}y}{\mathrm{d}x}=\frac{\mathrm{d}y}{\mathrm{d}u}\cdot\frac{\mathrm{d}u}{\mathrm{d}x}$$

即复合函数对自变量的导数等于它对中间变量的导数乘以中间变量对自变量的导数.

8.基本求导公式

基本求导公式见表 4-1.

表 4-1

$(C)'=0$ (C 为常数)	$(x^a)'=ax^{a-1}$
$(a^x)'=a^x\ln a$ ($a>0, a\neq 1$)	$(e^x)'=e^x$
$(\sin x)'=\cos x$	$(\cos x)'=-\sin x$
$(\tan x)'=\sec^2 x$	$(\cot x)'=-\csc^2 x$
$(\sec x)'=\sec x \cdot \tan x$	$(\csc x)'=-\csc x \cdot \cot x$
$(\arcsin x)'=\dfrac{1}{\sqrt{1-x^2}}$	$(\arccos x)'=-\dfrac{1}{\sqrt{1-x^2}}$
$(\arctan x)'=\dfrac{1}{1+x^2}$	$(\operatorname{arccot} x)'=-\dfrac{1}{1+x^2}$
$(\log_a x)'=\dfrac{1}{x\ln a}$ ($a>0, a\neq 1$)	$(\ln x)'=\dfrac{1}{x}$

9. 幂指函数求导与取对数求导法

(1) 幂指函数求导.

设幂指函数 $y=[u(x)]^{v(x)}$ ($u(x)>0$) 可导,将其改写为 $y=e^{v(x)\ln u(x)}$,则由复合函数求导法则有

$$y'=(e^{v(x)\ln u(x)})'=e^{v(x)\ln u(x)}\cdot[v(x)\ln u(x)]'=[u(x)]^{v(x)}\cdot\left[v'(x)\ln u(x)+v(x)\cdot\dfrac{u'(x)}{u(x)}\right]$$

(2) 对数求导法.

对于一些不能直接求得导数的函数,可以先在函数两边取对数,例如可先对幂指函数 $y=[u(x)]^{v(x)}$ 两边取对数,然后在等式两边同时对自变量 x 求导,利用复合函数求导法则求导的方法求出其导数.

$$\ln y(x)=\ln(u(x))^{v(x)}=v(x)\ln u(x)$$

$$\dfrac{1}{y}y'=(v(x)\ln u(x))'=v'(x)\ln u(x)+v(x)\cdot\dfrac{u'(x)}{u(x)}$$

$$y'=y\cdot\left[v'(x)\ln u(x)+v(x)\cdot\dfrac{u'(x)}{u(x)}\right]=[u(x)]^{v(x)}\left[v'(x)\ln u(x)+v(x)\cdot\dfrac{u'(x)}{u(x)}\right]$$

10. 由参数方程所确定的一元函数的导数

如果变量 x 与 y 之间的函数关系 $y=y(x)$ 由参数方程 $\begin{cases}x=\varphi(t)\\y=\psi(t)\end{cases}$ 确定,则有

$$\dfrac{dy}{dx}=\dfrac{\psi'(t)}{\varphi'(t)}=\dfrac{\dfrac{dy}{dt}}{\dfrac{dx}{dt}}$$

11. 高阶导数

(1) 高阶导数的定义.

如果函数 $f(x)$ 的导数 $f'(x)$ 在点 x 处可导,即

$$[f'(x)]' = \lim_{\Delta x \to 0} \frac{f'(x+\Delta x) - f'(x)}{\Delta x}$$

存在,则称 $[f'(x)]'$ 为函数 $f(x)$ 在点 x 处的二阶导数.类似定义二阶以上的高阶导数.

(2) 求高阶导数的方法.

直接法:直接按定义利用求导公式及导数运算法则逐阶求导.

间接法:通过导数的四则运算法则、变量代换等方法,间接求出指定高阶导数.

12. 求偏导数的基本方法

求 $\dfrac{\partial f}{\partial x}$ 时,只要把 y 暂时看作常量而对 x 求导;求 $\dfrac{\partial f}{\partial y}$ 时,则把 x 暂时看作常量而对 y 求导.

13. 高阶偏导数

(1) 高阶偏导数的定义.

若二元函数 $z = f(x, y)$ 在区域 D 内的两个偏导数均存在,则在 D 内 $f_x(x, y)$、$f_y(x, y)$ 仍是 x、y 的函数.如果这两个函数的偏导数也存在,则称其为 $z = f(x, y)$ 的二阶偏导数,按照求导次序的不同,有以下四个二阶偏导数:

$$\frac{\partial}{\partial x}\left(\frac{\partial z}{\partial x}\right) = \frac{\partial^2 z}{\partial x^2} = f_{xx}(x, y), \quad \frac{\partial}{\partial y}\left(\frac{\partial z}{\partial x}\right) = \frac{\partial^2 z}{\partial x \partial y} = f_{xy}(x, y)$$

$$\frac{\partial}{\partial x}\left(\frac{\partial z}{\partial y}\right) = \frac{\partial^2 z}{\partial y \partial x} = f_{yx}(x, y), \quad \frac{\partial}{\partial y}\left(\frac{\partial z}{\partial y}\right) = \frac{\partial^2 z}{\partial y^2} = f_{yy}(x, y)$$

其中 $\dfrac{\partial^2 z}{\partial x \partial y}$、$\dfrac{\partial^2 z}{\partial y \partial x}$ 称为二阶混合偏导数,$\dfrac{\partial^2 z}{\partial x^2}$、$\dfrac{\partial^2 z}{\partial y^2}$ 称为二阶纯偏导数.

(2) 性质.

如果 $z = f(x, y)$ 的两个混合偏导数 $\dfrac{\partial^2 z}{\partial x \partial y}$ 与 $\dfrac{\partial^2 z}{\partial y \partial x}$ 在区域 D 内连续,则在 D 内有

$$\frac{\partial^2 z}{\partial x \partial y} = \frac{\partial^2 z}{\partial y \partial x}$$

14. 多元复合函数的求导法则

(1) 多个中间变量,一个自变量情形.

设 $z = f(u, v)$ 在点 (u, v) 可微,$u = u(t)$ 及 $v = v(t)$ 在对应点 t 可导,则复合函数 $z = f(u(t), v(t))$ 在点 t 可导,且复合函数的导数为

$$\frac{\mathrm{d}z}{\mathrm{d}t} = \frac{\partial z}{\partial u}\frac{\mathrm{d}u}{\mathrm{d}t} + \frac{\partial z}{\partial v}\frac{\mathrm{d}v}{\mathrm{d}t} = f_u \cdot u'(t) + f_v \cdot v'(t)$$

(2) 多个中间变量情形.

设二元函数 $z = f(u, v)$ 在点 (u, v) 处具有一阶连续偏导数,$u = u(x, y)$ 及 $v = v(x, y)$ 在

相应点 (x,y) 有偏导数,则复合函数 $z=f(u(x,y),v(x,y))$ 在点 (x,y) 有偏导数,且两个偏导数为

$$\frac{\partial z}{\partial x}=\frac{\partial z}{\partial u}\frac{\partial u}{\partial x}+\frac{\partial z}{\partial v}\frac{\partial v}{\partial x}=f_u \cdot u_x+f_v \cdot v_x$$

$$\frac{\partial z}{\partial y}=\frac{\partial z}{\partial u}\frac{\partial u}{\partial y}+\frac{\partial z}{\partial v}\frac{\partial v}{\partial y}=f_u \cdot u_y+f_v \cdot v_y$$

15. 由 $F(x,y)=0$ 所确定的一元隐函数的导数

隐函数存在定理 1：

设函数 $F(x,y)$ 在点 $P_0(x_0,y_0)$ 的某一邻域内具有连续偏导数,且 $F(x_0,y_0)=0$, $F_y(x_0,y_0)\neq 0$,则方程 $F(x,y)=0$ 在 P_0 邻域内可唯一确定一个满足条件 $y_0=y(x_0)$, $F(x,f(x))\equiv 0$ 的,具有连续导数的函数 $y=y(x)$,并且

$$\frac{dy}{dx}=-\frac{F_x}{F_y}$$

16. 由 $F(x,y,z)=0$ 所确定的二元隐函数的偏导数

隐函数存在定理 2：

设函数 $F(x,y,z)$ 在点 $P_0(x_0,y_0,z_0)$ 的某一邻域内具有连续的偏导数,且 $F(x_0,y_0,z_0)=0$, $F_z(x_0,y_0,z_0)\neq 0$,则方程 $F(x,y,z)=0$ 在 P_0 邻域内可唯一确定一个满足 $z_0=f(x_0,y_0)$, $F(x,y,f(x,y))\equiv 0$ 的,具有连续偏导数的函数 $z=f(x,y)$,并且

$$\frac{\partial z}{\partial x}=-\frac{F_x}{F_z}, \quad \frac{\partial z}{\partial y}=-\frac{F_y}{F_z}$$

17. 由方程所确定的隐函数的偏导数

由两个方程构成的方程组 $\begin{cases}F(x,y,u,v)=0\\G(x,y,u,v)=0\end{cases}$ 在一定条件下也可有唯一一对具有连续偏导数的函数 $u=u(x,y)$, $v=v(x,y)$,其偏导数可以利用一元复合函数求导法则按以下方法得到.

$$\begin{cases}F_x+F_u\dfrac{\partial u}{\partial x}+F_v\dfrac{\partial v}{\partial x}=0\\G_x+G_u\dfrac{\partial u}{\partial x}+G_v\dfrac{\partial v}{\partial x}=0\end{cases}$$

这是未知量为 $\dfrac{\partial u}{\partial x}$、$\dfrac{\partial v}{\partial x}$ 的线性方程组,只要 $F_uG_v-F_vG_u\neq 0$,就可唯一地求解出两个偏导数 $\dfrac{\partial u}{\partial x}$、$\dfrac{\partial v}{\partial x}$.同理,上述两个恒等式的两边分别对 y 求导,类似地也可解出 $\dfrac{\partial u}{\partial y}$ 和 $\dfrac{\partial v}{\partial y}$.

18. 一元函数微分的概念和几何意义

(1) 一元函数微分的概念.

设函数 $y=f(x)$ 在点 x_0 的某邻域内有定义,$x_0+\Delta x$ 在该邻域内,如果函数的增量 $\Delta y=$

$f(x_0+\Delta x)-f(x_0)$ 可表示为 Δx 的线性函数 $A\Delta x$ 与 Δx 的一个高阶无穷小量 $o(\Delta x)$ 的和 ($\Delta x \to 0$),即 $\Delta y = A\Delta x + o(\Delta x)$(其中 A 是不依赖于 Δx 的常数,$A\Delta x$ 称为函数增量的线性主要部分(简称线性主部)),则称函数 $y=f(x)$ 在点 x_0 处可微,而称 $A\Delta x$ 为函数 $y=f(x)$ 在点 x_0 处相应于自变量的增量 Δx 的微分,记为 dy,即
$$dy = A\Delta x$$
函数 $y=f(x)$ 在一点处可导与可微等价,且当 $f(x)$ 在点 x_0 处可微时,其微分一定是
$$dy = f'(x_0)dx$$

(2)几何意义:在直角坐标系中,函数 $y=f(x)$ 的图像是一条曲线.当 Δy 是曲线 $y=f(x)$ 上的纵坐标的增量时,dy 就是曲线的切线上点的纵坐标的增量.

19.一元函数的微分公式与运算法则

(1)基本初等函数的微分公式.

① $dC = 0$(C 为常数); ② $d(x^a) = ax^{a-1}dx$;

③ $d(a^x) = a^x \ln a\, dx$; ④ $d(e^x) = e^x dx$;

⑤ $d(\log_a x) = \dfrac{1}{x\ln a}dx$; ⑥ $d(\ln x) = \dfrac{1}{x}dx$;

⑦ $d(\sin x) = \cos x\, dx$; ⑧ $d(\cos x) = -\sin x\, dx$;

⑨ $d(\tan x) = \sec^2 x\, dx$; ⑩ $d(\cot x) = -\csc^2 x\, dx$;

⑪ $d(\arcsin x) = \dfrac{1}{\sqrt{1-x^2}}dx$; ⑫ $d(\arccos x) = -\dfrac{1}{\sqrt{1-x^2}}dx$;

⑬ $d(\arctan x) = \dfrac{1}{1+x^2}dx$; ⑭ $d(\operatorname{arccot} x) = -\dfrac{1}{1+x^2}dx$.

(2)函数的四则运算微分法则.

设函数 $u=u(x)$,$v=v(x)$ 可微,则

① $d(u\pm v) = du \pm dv$; ② $d(uv) = v\,du + u\,dv$;

③ $d(Cu) = C\,du$ (C 为常数); ④ $d\left(\dfrac{u}{v}\right) = \dfrac{v\,du - u\,dv}{v^2}$($v \neq 0$).

(3)复合函数微分法则.

设 $y=f(u)$,$u=\varphi(x)$ 均可微,则复合函数 $y=f(\varphi(x))$ 的微分为
$$dy = f'(u)\varphi'(x)dx$$

20.多元函数的微分

(1)全微分的定义.

若函数 $z=f(x,y)$ 在点 $p(x,y)$ 的全增量 $\Delta z = f(x+\Delta x, y+\Delta y) - f(x,y)$ 可表示为 $\Delta z = A\Delta x + B\Delta y + o(\rho)$,当 $\rho = \sqrt{(\Delta x)^2 + (\Delta y)^2} \to 0$ 时,A、B 是与 Δx、Δy 无关的常数,则称 $z=f(x,y)$ 在点 (x,y) 可微,而 $A\Delta x + B\Delta y$ 称为函数 $z=f(x,y)$ 在点 (x,y) 的全微分,记作 dz,即
$$dz = A\Delta x + B\Delta y$$

(2)可微的必要条件.

如果函数 $z=f(x,y)$ 在点 (x,y) 处可微,则

①$f(x,y)$ 在点 (x,y) 处连续;

②偏导数 $\dfrac{\partial z}{\partial x}$、$\dfrac{\partial z}{\partial y}$ 存在(这时也简称二元函数可导),且全微分可表示为

$$dz=\frac{\partial z}{\partial x}\Delta x+\frac{\partial z}{\partial y}\Delta y \quad 或 \quad dz=\frac{\partial z}{\partial x}dx+\frac{\partial z}{\partial y}dy$$

(3)可微的充分条件.

如果函数 $z=f(x,y)$ 的偏导数 $\dfrac{\partial z}{\partial x}$、$\dfrac{\partial z}{\partial y}$ 在点 (x,y) 连续,则函数在该点可微,且

$$dz=\frac{\partial z}{\partial x}\Delta x+\frac{\partial z}{\partial y}\Delta y \quad 或 \quad dz=\frac{\partial z}{\partial x}dx+\frac{\partial z}{\partial y}dy$$

21. 微分与全微分在近似计算中的应用

(1)微分在近似计算中的应用:
$$f(x_0+\Delta x)\approx f(x_0)+f'(x_0)\Delta x$$

(2)全微分在近似计算中的应用:
$$f(x+\Delta x,y+\Delta y)\approx f(x,y)+f_x(x,y)\Delta x+f_y(x,y)\Delta y$$

4.2 学法建议

(1)理解导数的概念,了解导数的几何意义和经济意义,理解函数的可导性与连续性之间的关系.

(2)理解二元函数偏导数的概念.

(3)熟练掌握基本初等函数的求导公式、导数的四则运算法则、反函数求导法则、一元复合函数求导法则、幂指函数求导和对数求导法、参数方程确定的一元函数的求导方法.

(4)了解高阶导数的概念,会求二阶、三阶导数及一些简单的 n 阶导数.

(5)熟练掌握求解偏导数的基本方法、求解高阶偏导数的方法.

(6)掌握多元复合函数求导法则.

(7)掌握求由方程 $F(x,y)=0$ 所确定的一元隐函数的导数.

(8)掌握求由方程 $F(x,y,z)=0$ 所确定的二元隐函数的偏导数.

(9)掌握求一元函数微分与多元函数全微分的方法.

4.3 疑难解析

例 1 用定义求函数 $y=x^3$ 在 $x=1$ 处的导数.

解 因为 $f'(x)=\lim\limits_{x\to x_0}\dfrac{f(x)-f(x_0)}{x-x_0}$,所以

$$f'(1)=\lim_{x\to 1}\frac{x^3-1^3}{x-1}=\lim_{x\to 1}\frac{(x-1)(x^2+x+1)}{x-1}=\lim_{x\to 1}(x^2+x+1)=3$$

例 2 设 $f'(x_0)$ 存在,利用定义求极限 $\lim\limits_{\Delta x \to 0} \dfrac{f(x_0 - \Delta x) - f(x_0)}{\Delta x}$.

解 已知 $f'(x_0) = \lim\limits_{\Delta x \to 0} \dfrac{f(x_0 + \Delta x) - f(x_0)}{\Delta x}$

则 $\lim\limits_{\Delta x \to 0} \dfrac{f(x_0 - \Delta x) - f(x_0)}{\Delta x} = -\lim\limits_{\Delta x \to 0} \dfrac{f[x_0 + (-\Delta x)] - f(x_0)}{-\Delta x} = -f'(x_0)$

例 3 讨论函数 $y = \begin{cases} x^2 \cdot \sin \dfrac{1}{x}, & x \neq 0 \\ 0, & x = 0 \end{cases}$ 在 $x = 0$ 处的连续性与可导性.

解 由无穷小与有界函数之积仍为无穷小,可得

$$\lim\limits_{x \to 0} x^2 \cdot \sin \dfrac{1}{x} = 0 = f(0)$$

$y = x^2 \cdot \sin \dfrac{1}{x}$ 在 $x = 0$ 处连续.

$$f'(0) = \lim\limits_{\Delta x \to 0} \dfrac{(\Delta x)^2 \cdot \sin \dfrac{1}{\Delta x} - 0}{\Delta x} = \lim\limits_{\Delta x \to 0} \Delta x \cdot \sin \dfrac{1}{\Delta x} = 0$$

所以 $y = x^2 \cdot \sin \dfrac{1}{x}$ 在 $x = 0$ 处亦可导.

例 4 设函数 $f(x,y) = \begin{cases} \dfrac{xy}{x^2 + y^2}, & (x,y) \neq (0,0) \\ 0, & (x,y) = (0,0) \end{cases}$,求其偏导数 $f_x(0,0), f_y(0,0)$.

解 由偏导数定义

$$f_x(x_0, y_0) = \lim\limits_{\Delta x \to 0} \dfrac{f(x_0 + \Delta x, y_0) - f(x_0, y_0)}{\Delta x}$$

$$f_y(x_0, y_0) = \lim\limits_{\Delta y \to 0} \dfrac{f(x_0, y_0 + \Delta y) - f(x_0, y_0)}{\Delta y}$$

得 $f_x(0,0) = \lim\limits_{\Delta x \to 0} \dfrac{f(0 + \Delta x, 0) - f(0,0)}{\Delta x} = \lim\limits_{\Delta x \to 0} \dfrac{0 - 0}{\Delta x} = 0$

$f_y(0,0) = \lim\limits_{\Delta y \to 0} \dfrac{f(0, 0 + \Delta y) - f(0,0)}{\Delta y} = \lim\limits_{\Delta y \to 0} \dfrac{0 - 0}{\Delta y} = 0$

例 5 给定抛物线 $y = x^2 - x + 2$,求过点 $(1,2)$ 的切线方程与法线方程.

解 先求切线的斜率,由 $y' = 2x - 1$ 得过点 $(1,2)$ 的切线斜率为 $k = 2 \times 1 - 1 = 1$. 于是所求的切线方程为 $y - 2 = 1 \times (x - 1)$,即 $y = x + 1$.

法线方程为 $y - 2 = (-1) \times (x - 1)$,即 $y = -x + 3$.

例 6 设某商品的总成本函数为 $C = C(Q) = 100 + \dfrac{Q^2}{4}$,求当 $Q = 20$ 时的边际成本.

解 边际成本函数为 $C' = \dfrac{Q}{2}$,所以 $C'(20) = \dfrac{20}{2} = 10$.

例 7 设 $y = \sin x \cdot \cos x$,求 y'.

解 由导数的四则运算法则知

$$y' = (\sin x)' \cdot \cos x + \sin x \cdot (\cos x)'$$
$$= \cos x \cdot \cos x + \sin x \cdot (-\sin x) = \cos^2 x - \sin^2 x = \cos 2x$$

例 8 设 $y = \dfrac{\ln x}{x}$,求 y'.

解 $y' = \dfrac{(\ln x)' \cdot x - \ln x \cdot (x)'}{x^2} = \dfrac{\dfrac{1}{x} \cdot x - \ln x}{x^2} = \dfrac{1-\ln x}{x^2}$

例 9 设 $y = \sqrt[3]{x} \cdot \sin x + a^x \cdot e^x$,求 y'.

解 由导数的四则运算法则知
$$y' = (\sqrt[3]{x} \cdot \sin x + a^x \cdot e^x)' = (\sqrt[3]{x} \cdot \sin x)' + (a^x \cdot e^x)'$$
$$= (\sqrt[3]{x})' \cdot \sin x + \sqrt[3]{x} \cdot (\sin x)' + (a^x)' \cdot e^x + a^x \cdot (e^x)'$$
$$= \dfrac{1}{3} x^{-\frac{2}{3}} \cdot \sin x + \sqrt[3]{x} \cos x + a^x \cdot e^x \ln a + a^x \cdot e^x$$

例 10 设 $y = \cos(4-3x)$,求 y'.

解 由复合函数求导的链式法则知
$$y' = [\cos(4-3x)]' = -\sin(4-3x) \cdot (4-3x)' = 3\sin(4-3x)$$

例 11 求函数 $y = e^{\sin^2(1-x)}$ 的导数.

解 由复合函数求导的链式法则知
$$y' = e^{\sin^2(1-x)} \cdot (\sin^2(1-x))' = e^{\sin^2(1-x)} \times 2\sin(1-x) \cdot (\sin(1-x))'$$
$$= e^{\sin^2(1-x)} \times 2\sin(1-x) \cdot \cos(1-x) \cdot (1-x)'$$
$$= e^{\sin^2(1-x)} \times 2\sin(1-x) \cdot \cos(1-x) \cdot (-1)$$
$$= -e^{\sin^2(1-x)} \sin(2-2x)$$

例 12 设 $y = \sqrt{1+\ln^2 x}$,求 y'.

解 由复合函数求导的链式法则知
$$y' = (\sqrt{1+\ln^2 x})' = \dfrac{1}{2\sqrt{1+\ln^2 x}} \times (1+\ln^2 x)' = \dfrac{1}{2\sqrt{1+\ln^2 x}} \times 2\ln x \cdot (\ln x)'$$
$$= \dfrac{1}{2\sqrt{1+\ln^2 x}} \times 2\ln x \cdot \dfrac{1}{x} = \dfrac{\ln x}{x\sqrt{1+\ln^2 x}}$$

例 13 设 $y = x^{\frac{1}{x}}$,求 y'.

解 用幂指函数求导,先进行恒等变形得
$$y = x^{\frac{1}{x}} = e^{\frac{1}{x}\ln x}$$

用复合函数求导得
$$y' = (e^{\frac{1}{x}\ln x})' = e^{\frac{1}{x}\ln x} \cdot \left(\dfrac{1}{x} \cdot \ln x\right)' = e^{\frac{1}{x}\ln x} \cdot \left[\left(\dfrac{1}{x}\right)' \cdot \ln x + \dfrac{1}{x} \cdot (\ln x)'\right]$$
$$= e^{\frac{1}{x}\ln x} \cdot \left[-\dfrac{1}{x^2}\ln x + \dfrac{1}{x^2}\right] = x^{\frac{1}{x}} \cdot \dfrac{1-\ln x}{x^2}$$

例 14 设 $y = (1+x^2)^{\tan x}$,求 y'.

解 用对数求导法,先两边取对数,得
$$\ln y = \tan x \ln(1+x^2)$$

两边求导,得

$$\frac{1}{y} \cdot y' = \sec^2 x \cdot \ln(1+x^2) + \tan x \cdot \frac{2x}{1+x^2}$$

$$y' = (1+x^2)^{\tan x} \cdot \left[\sec^2 x \ln(1+x^2) + \frac{2x \cdot \tan x}{1+x^2}\right]$$

例 15 求参数方程 $\begin{cases} x = e^t \sin t \\ y = e^t \cos t \end{cases}$ 所确定函数的一阶导数 $\dfrac{dy}{dx}$.

解 由参数方程确定的函数求导公式,得

$$\frac{dy}{dx} = \frac{dy}{dt} \cdot \frac{dt}{dx} = \frac{y'(t)}{x'(t)} = \frac{(e^t \cos t)'}{(e^t \sin t)'} = \frac{e^t(\cos t - \sin t)}{e^t(\sin t + \cos t)} = \frac{\cos t - \sin t}{\sin t + \cos t}$$

例 16 求函数 $y = x \sin x$ 的二阶导数.

解 由求高阶导数的方法得

$$y' = (x \sin x)' = \sin x + x \cos x$$
$$y'' = (y')' = (\sin x + x \cos x)' = \cos x + \cos x - x \sin x = 2\cos x - x \sin x$$

例 17 设 $f(x) = (3x+1)^{10}$,求 $f'''(0)$.

解 先求三阶导函数,再求 $x = 0$ 处的三阶导数值.

$$f'(x) = 30(3x+1)^9, \qquad f''(x) = 810(3x+1)^8$$
$$f'''(x) = 19440(3x+1)^7, \qquad f'''(0) = 19440$$

例 18 求参数方程 $\begin{cases} x = 3e^{-t} \\ y = 2e^t \end{cases}$ 所确定函数的二阶导数 $\dfrac{d^2 y}{dx^2}$.

解 采用逐阶求导法得

$$\frac{dy}{dx} = \frac{y'(t)}{x'(t)} = \frac{2e^t}{-3e^{-t}} = -\frac{2}{3} e^{2t}$$

$$\frac{d^2 y}{dx^2} = \frac{d}{dx}\left(-\frac{2}{3} e^{2t}\right) = \frac{d}{dt}\left(-\frac{2}{3} e^{2t}\right) \cdot \frac{dt}{dx} = \frac{d}{dt}\left(-\frac{2}{3} e^{2t}\right) \cdot \frac{1}{dx/dt} = \frac{-\frac{4}{3} e^{2t}}{-3e^{-t}} = \frac{4}{9} e^{3t}$$

例 19 求函数 $z = x^{\sin y}$ 的偏导数.

解 对 x 求偏导时,将 y 视为常数;对 y 求偏导时,将 x 视为常数.

$$\frac{\partial z}{\partial x} = \sin y \cdot x^{\sin y - 1}, \qquad \frac{\partial z}{\partial y} = x^{\sin y} \cdot \ln x \cdot \cos y$$

例 20 求函数 $z = \ln \tan \dfrac{x}{y}$ 的偏导数.

解 对 x 求偏导时,将 y 视为常数得

$$\frac{\partial z}{\partial x} = \cot \frac{x}{y} \cdot \sec^2 \frac{x}{y} \cdot \frac{1}{y} = \frac{2}{y} \cdot \csc \frac{2x}{y}$$

对 y 求偏导时,将 x 视为常数得

$$\frac{\partial z}{\partial y} = \cot \frac{x}{y} \cdot \sec^2 \frac{x}{y} \cdot \left(-\frac{x}{y^2}\right) = -\frac{2x}{y^2} \cdot \csc \frac{2x}{y}$$

例 21 求函数 $z=\dfrac{\cos x^2}{y}$ 的二阶偏导数.

解 对 x 求偏导时,将 y 视为常数;对 y 求偏导时,将 x 视为常数.

$$\frac{\partial z}{\partial x}=-\frac{2x}{y}\cdot\sin x^2,\quad \frac{\partial z}{\partial y}=-\frac{\cos x^2}{y^2}$$

$$\frac{\partial^2 z}{\partial x^2}=-\frac{2}{y}(\sin x^2+2x^2\cdot\cos x^2),\quad \frac{\partial^2 z}{\partial y^2}=\frac{2\cos x^2}{y^3}$$

$$\frac{\partial^2 z}{\partial x\partial y}=\frac{2x}{y^2}\sin x^2,\quad \frac{\partial^2 z}{\partial y\partial x}=\frac{\sin x^2}{y^2}\times 2x$$

例 22 设 $z=uv+\sin t$,而 $u=\mathrm{e}^t$,$v=\cos t$,求导数 $\dfrac{\mathrm{d}z}{\mathrm{d}t}$.

解
$$\frac{\mathrm{d}z}{\mathrm{d}t}=\frac{\partial z}{\partial u}\cdot\frac{\mathrm{d}u}{\mathrm{d}t}+\frac{\partial z}{\partial v}\cdot\frac{\mathrm{d}v}{\mathrm{d}t}+\frac{\partial z}{\partial t}$$
$$=v\mathrm{e}^t-u\sin t+\cos t=\mathrm{e}^t\cos t-\mathrm{e}^t\sin t+\cos t$$
$$=\mathrm{e}^t(\cos t-\sin t)+\cos t$$

例 23 已知 $z=\mathrm{e}^u\cdot\sin v$,而 $u=xy$,$v=x+y$,求 $\dfrac{\partial z}{\partial x},\dfrac{\partial z}{\partial y}$.

解

$$\frac{\partial z}{\partial x}=\frac{\partial z}{\partial u}\cdot\frac{\partial u}{\partial x}+\frac{\partial z}{\partial v}\cdot\frac{\partial v}{\partial x}=\mathrm{e}^u\cdot\sin v\cdot y+\mathrm{e}^u\cdot\cos v\times 1=\mathrm{e}^{xy}[y\sin(x+y)+\cos(x+y)]$$

$$\frac{\partial z}{\partial y}=\frac{\partial z}{\partial u}\cdot\frac{\partial u}{\partial y}+\frac{\partial z}{\partial v}\cdot\frac{\partial v}{\partial y}=\mathrm{e}^u\cdot\sin v\cdot x+\mathrm{e}^u\cdot\cos v\times 1=\mathrm{e}^{xy}[x\sin(x+y)+\cos(x+y)]$$

例 24 求由方程 $xy=\mathrm{e}^{x+y}$ 所确定的隐函数 y 的导数 $\dfrac{\mathrm{d}y}{\mathrm{d}x}$.

解 运用隐函数求导法,在等式两边对 x 求导得
$$y+x\cdot y'=\mathrm{e}^{x+y}(1+y')$$
$$\frac{\mathrm{d}y}{\mathrm{d}x}=\frac{\mathrm{e}^{x+y}-y}{x-\mathrm{e}^{x+y}}$$

例 25 设函数 $y=y(x)$ 由方程 $y-x\cdot\mathrm{e}^y=1$ 确定,求 $y'(0)$,并求在 $x=0$ 处的切线方程和法线方程.

解 方程两边同时对 x 求导,得 $y'-\mathrm{e}^y-x\cdot\mathrm{e}^y\cdot y'=0$.

当 $x=0$ 时,有 $y-0=1$,所以 $y=1$.

将 $x=0,y=1$ 代入上式得 $y'(0)-\mathrm{e}=0$,即 $y'(0)=\mathrm{e}$.

因此,所求切线方程为 $y-1=\mathrm{e}x$,即 $y=\mathrm{e}x+1$.

法线方程为 $y-1=-\dfrac{1}{\mathrm{e}}x$,即 $y=-\dfrac{1}{\mathrm{e}}x+1$.

例 26 设 $x+2y+z-2\sqrt{xyz}=0$,求 $\dfrac{\partial z}{\partial x},\dfrac{\partial z}{\partial y}$.

解 设 $F(x,y,z)=x+2y+z-2\sqrt{xyz}$,由隐函数存在定理知

$$\frac{\partial z}{\partial x}=-\frac{F_x}{F_z}=-\frac{1-\dfrac{yz}{\sqrt{xyz}}}{1-\dfrac{xy}{\sqrt{xyz}}}=\frac{yz-\sqrt{xyz}}{\sqrt{xyz}-xy}$$

$$\frac{\partial z}{\partial y}=-\frac{F_y}{F_z}=-\frac{2-\dfrac{xz}{\sqrt{xyz}}}{1-\dfrac{xy}{\sqrt{xyz}}}=\frac{xz-2\sqrt{xyz}}{\sqrt{xyz}-xy}$$

例 27 已知：$y=x^3-1$，在点 $x=2$ 处计算当 $\Delta x=1$ 时的 Δy 及 dy 的值.

解 $\Delta y|_{x=2}=[(x+\Delta x)^3-1-(x^3-1)]|_{x=2}=[3x^2\Delta x+3x(\Delta x)^2+(\Delta x)^3]|_{x=2}$
$=12\Delta x+6(\Delta x)^2+(\Delta x)^3$

d$y|_{x=2}=(y'\mathrm{d}x)|_{x=2}=3x^2\mathrm{d}x|_{x=2}=12\mathrm{d}x=12\Delta x$

当 $\Delta x=1$ 时，$\Delta y=19$，d$y=12$.

例 28 设 $y=\ln(1+\mathrm{e}^{x^2})$，求 d$y$.

解 $\mathrm{d}y=\mathrm{d}[\ln(1+\mathrm{e}^{x^2})]=[\ln(1+\mathrm{e}^{x^2})]'\cdot\mathrm{d}x$
$=\dfrac{1}{1+\mathrm{e}^{x^2}}\cdot(1+\mathrm{e}^{x^2})'\mathrm{d}x=\dfrac{1}{1+\mathrm{e}^{x^2}}\times 2x\cdot\mathrm{e}^{x^2}\cdot\mathrm{d}x=\dfrac{2x\cdot\mathrm{e}^{x^2}}{1+\mathrm{e}^{x^2}}\mathrm{d}x$

例 29 求方程 $2y-x=(x-y)\ln(x-y)$ 所确定的函数 $y=y(x)$ 的微分 dy.

解 对方程两端求微分，得
$$\mathrm{d}(2y-x)=\ln(x-y)\mathrm{d}(x-y)+(x-y)\mathrm{d}[\ln(x-y)]$$
$$2\mathrm{d}y-\mathrm{d}x=\ln(x-y)(\mathrm{d}x-\mathrm{d}y)+(\mathrm{d}x-\mathrm{d}y)$$

整理得 $\mathrm{d}y=\dfrac{2+\ln(x-y)}{3+\ln(x-y)}\mathrm{d}x$.

例 30 求 $\sin 46°$ 的近似值.

解 取 $x_0=45°=\dfrac{\pi}{4}$，$\Delta x=1°=\dfrac{\pi}{180°}$，

由近似公式得 $f(x)\approx f(x_0)+f'(x_0)(x-x_0)$.

即得 $\sin 46°\approx\sin\dfrac{\pi}{4}+\dfrac{\pi}{180°}\cdot\cos\dfrac{\pi}{4}\approx 0.701(1+0.0175)\approx 0.7194$.

例 31 计算 $(1.04)^{2.02}$ 的近似值.

解 设函数 $f(x,y)=x^y$，显然，要计算的值就是函数在 $x=1.04,y=2.02$ 时的函数值.
取 $x=1,y=2,\Delta x=0.04,\Delta y=0.02$，由于 $f(1,2)=1$，得
$$f_x(x,y)=yx^{y-1}, \quad f_y(x,y)=x^y\ln x$$
$$f_x(1,2)=2, \quad f_y(1,2)=0$$

所以，应用近似计算公式
$$f(x+\Delta x,y+\Delta y)\approx f(x,y)+f_x(x,y)\Delta x+f_y(x,y)\Delta y$$

有 $(1.04)^{2.02}\approx 1+2\times 0.04+0\times 0.02=1.08$

4.4 习题

4.4.1 导数和偏导数

(一)选择题

1. 若 $f'(x_0)$ 存在，则 $\lim\limits_{\Delta x\to 0}\dfrac{f(x_0-\Delta x)-f(x_0)}{\Delta x}=(\qquad)$.

(A) $f'(x_0)$ (B) $-f'(x_0)$ (C) $f'(x)$ (D) $-f'(x)$

2.一元函数在一点处连续是在该点可导的( )条件.
 (A)充分条件　　　(B)必要条件　　　(C)充要条件　　　(D)无关条件

3.设 $f(x)$ 在 $x=0$ 处连续,且 $\lim\limits_{x\to 0}\dfrac{f(x)}{x}=1$,则 $f(x)$ 在 $x=0$ 处( ).
 (A)可导并且导数为 1　　　　　　　(B)可导并且导数为 0
 (C)不可导　　　　　　　　　　　　(D)可导性不能确定

4.设 $f(x,y)$ 在 (a,b) 处偏导数存在,则 $\lim\limits_{x\to 0}\dfrac{f(a+x,b)-f(a,b)}{x}=$( ).
 (A)$f_x(a,b)$　　(B)$f_y(a,b)$　　(C)$f_y(a,y)$　　(D)$f_y(x,b)$

5.多元函数在某一点的偏导数存在是多元函数在该点连续的( ).
 (A)充分条件　　　(B)必要条件　　　(C)充要条件　　　(D)无关条件

(二)填空题

1.设 $f'(0)$ 存在,且 $f(0)=0$,则 $\lim\limits_{x\to 0}\dfrac{f(x)}{x}=$ _____.

2.设 $f'(x)$ 存在,求下列极限:

(1) $\lim\limits_{h\to\infty}h\left[f(x)-f\left(x-\dfrac{1}{h}\right)\right]=$ _____.

(2) $\lim\limits_{\Delta x\to 0}\dfrac{f(x+a\Delta x)-f(x+b\Delta x)}{\Delta x}=$ _____ (a,b 为非零整数).

3.设 $\lim\limits_{\Delta x\to 0}\dfrac{f(x_0+k\Delta x)-f(x_0)}{\Delta x}=\dfrac{1}{3}f'(x_0)$,则 $k=$ _____.

4.已知 $f'(3)=2$,则 $\lim\limits_{h\to 0}\dfrac{f(3-h)-f(3)}{2h}=$ _____.

5.设 $f(0)=0, f'(0)=2$,则 $\lim\limits_{x\to 0}\dfrac{f(x)}{\sin 2x}=$ _____.

6.$f_{xy}(x,y)$ 与 $f_{yx}(x,y)$ 均连续,则恒有 _____.

(三)计算题

1.已知 $f(x)=\begin{cases}\sin x, & x<0\\ x, & x\geqslant 0\end{cases}$,求 $f'(x)$.

2.求曲线 $y=\cos x$ 在点 $\left(\dfrac{\pi}{3},\dfrac{1}{2}\right)$ 处的切线方程和法线方程.

3. 讨论函数 $f(x)=\begin{cases}e^x+1, & x\leq 0\\ ax+b, & x>0\end{cases}$ 在 $x=0$ 处的连续性、可导性.

4. 函数 $f(x,y)=\sqrt{x^2+y^4}$,求 $f_x(0,0),f_y(0,0)$.

(四)证明题

1. 证明双曲线 $xy=a^2$ 在任一点处的切线与两坐标轴构成的三角形的面积都等于 $2a^2$.

2. 试证函数 $f(x,y)=\begin{cases}\dfrac{xy}{x^2+y^2},& (x,y)\neq(0,0)\\ 0, & (x,y)=(0,0)\end{cases}$ 的偏导数 $f_x(0,0),f_y(0,0)$ 存在.

4.4.2 一元函数的求导

(一)选择题

1. 设 u、v 可导,且 $v\neq 0$,则 $\left(\dfrac{u}{v}\right)'=(\quad)$.

   (A) $\dfrac{u'}{v'}$ (B) $\dfrac{u'v-uv'}{v^2}$ (C) $\dfrac{uv'-u'v}{v^2}$ (D) $\dfrac{uv-u'v'}{v^2}$

2. 如果函数 $x=g(y)$ 在某区间 I_y 内单调、可导,且 $g'(y)\neq 0$,那么它的反函数 $y=f(x)$ 在对应的区间 I_x 内也可导,且有 $f'(x)=(\quad)$.

   (A) $g'(y)$ (B) $\dfrac{1}{g'(y)}$ (C) $-\dfrac{1}{g'(y)}$ (D) $-g'(y)$

3. $(\sin ax)^n=(\quad)$.

   (A) $\sin^n(ax)$ (B) $a\sin\left(x+\dfrac{n\pi}{2}\right)$ (C) $a^n\sin\left(ax+\dfrac{n\pi}{2}\right)$ (D) $a^n\sin\left(ax-\dfrac{n\pi}{2}\right)$

4.质点在做直线运动,t 时刻的路程为 $x=x(t)$,则 $x''(t_0)$ 是 $t=t_0$ 时刻的( ).
   (A)瞬时速度　　(B)位移　　　　　(C)加速度　　　　　(D)没意义

5.设 $f(x)=x(x-1)(x-2)\cdots(x-2010)$,则 $f'(0)=($).
   (A)0　　　　　　(B)1　　　　　　(C)-1　　　　　　(D)2010!

(二)填空题

1.设 $y=3x+5\sqrt{x}$,则 $y'=$ _____.

2.设 $y=5x^3-2^x+3e^x$,则 $y'=$ _____.

3.设 $y=x^3\ln x$,则 $y'=$ _____.

4.设 $y=e^x\cos x$,则 $y'=$ _____.

5.设 $y=(2+\sec x)\sin x$,则 $y'=$ _____.

6.已知 $\dfrac{d}{dx}\left[f\left(\dfrac{1}{x^2}\right)\right]=\dfrac{1}{x}$,则 $f'\left(\dfrac{1}{2}\right)=$ _____.

7.设 $f(x)$ 为可导函数,$y=\sin(f(\sin f(x)))$,则 $\dfrac{dy}{dx}=$ _____.

(三)计算题

1.计算下列函数的一阶导数.

(1) $y=\dfrac{1+\sin x}{1+\cos x}$;

(2) $y=x\log_2 x+\ln 2$;

(3) $y=\sec^3(\ln x)$;

(4) $y=e^{-\sin^2\frac{1}{x}}$;

(5) $y=\ln(\sec x+\tan x)$;

(6) $y=x^2 e^x\cos x$;

(7) $y=e^{\arcsin\sqrt{x}}$;

(8) $y=\sin^n x\cdot\cos(nx)$;

(9) $y=(1+x^2)^{\tan x}$;

(10) $y=x^{\sin x}$.

2.求 $\begin{cases} x = e^t \sin t \\ y = e^t \cos t \end{cases}$ 在 $t = \dfrac{\pi}{2}$ 处的切线方程和法线方程.

3.设 $y = y(x)$ 由参数方程 $\begin{cases} x = \cos t \\ y = \sin^2 t \end{cases}$ 确定,求 $\dfrac{d^2 y}{d x^2}$.

4.计算下列函数的二阶导数 $\dfrac{d^2 y}{d x^2}$.

(1) $y = 3x^2 - e^{2x} + \ln x$； (2) $y = \dfrac{e^x}{x}$；

(3) $y = 1 + x e^x$； (4) $y = x^2 \ln x$.

5.设 $f'(x)$ 存在,求下列函数的导数 $\dfrac{dy}{dx}$.

(1) $y = f(\sin x) + \sin f(x)$； (2) $y = \arctan(f(x))$；

(3) $y = f(e^x) e^{f(x)}$.

4.4.3 多元函数的求导

(一)选择题

1. 设 $f(x,y)=xy+x^2+y^2$, 则 $\dfrac{\partial f}{\partial x}=$ ( ).

   (A) x (B) $x+2x$ (C) $y+2x$ (D) $2y$

2. 二元函数 $f(x,y)=\begin{cases}\dfrac{xy}{x^2+y^2}, & (x,y)\neq(0,0)\\ 0, & (x,y)=(0,0)\end{cases}$ 在点 $(0,0)$ 处( ).

   (A) 连续, 偏导数存在   (B) 连续, 偏导数不存在

   (C) 不连续, 偏导数存在   (D) 不连续, 偏导数不存在

3. $z=f(u,v)$, $u=\varphi(t)$, $v=\varphi(t)$, 则下列公式中, 正确的是( )

   (A) $\dfrac{\mathrm{d}z}{\mathrm{d}t}=\dfrac{\partial f}{\partial u}\dfrac{\mathrm{d}u}{\mathrm{d}t}+\dfrac{\partial f}{\partial v}\dfrac{\mathrm{d}v}{\mathrm{d}t}$ (B) $\dfrac{\partial z}{\partial t}=\dfrac{\partial f}{\partial u}\dfrac{\mathrm{d}u}{\mathrm{d}t}+\dfrac{\partial f}{\partial v}\dfrac{\mathrm{d}v}{\mathrm{d}t}$

   (C) $\dfrac{\mathrm{d}z}{\mathrm{d}t}=\dfrac{\mathrm{d}f}{\mathrm{d}u}\dfrac{\mathrm{d}u}{\mathrm{d}t}+\dfrac{\mathrm{d}f}{\mathrm{d}v}\dfrac{\mathrm{d}v}{\mathrm{d}t}$ (D) $\dfrac{\mathrm{d}z}{\mathrm{d}t}=\dfrac{\partial f}{\partial u}\dfrac{\partial u}{\partial t}+\dfrac{\partial f}{\partial v}\dfrac{\partial v}{\partial t}$

(二)填空题

1. 设 $u=\ln(x+y^2+z^3)$, 则 $\dfrac{\partial u}{\partial x}=$ _____ ; $\dfrac{\partial u}{\partial y}=$ _____ ; $\dfrac{\partial u}{\partial z}=$ _____ .

2. 设 $z=x\sin(x+y)$, 则 $\dfrac{\partial z}{\partial x}=$ _____ ; $\dfrac{\partial z}{\partial y}=$ _____ .

3. 设 $u=\ln\sqrt{x^2+y^2}$, 则当 $x^2+y^2\neq 0$ 时, $\dfrac{\partial^2 u}{\partial x^2}+\dfrac{\partial^2 u}{\partial y^2}=$ _____ .

4. 设 $f(x,y)=x+(y-1)\arcsin\sqrt{\dfrac{x}{y}}$, 则 $f_x(x,1)=$ _____ .

5. 设 $z=f(x+y)$, 则 $\mathrm{d}z=$ _____ .

6. 设 $u=f(x,y,z)$, $z=\varphi(x,y)$, $y=\psi(x)$, 其中 f、φ、ψ 均可微, 则 $\dfrac{\mathrm{d}u}{\mathrm{d}x}=$ _____ .

7. 设 $u=f(x^2+y^2)$, 则 $\dfrac{\partial^2 u}{\partial x\partial y}=$ _____ .

(三)计算题

1. 设 $y=x^2-2xy+y^3$, 求 $\dfrac{\partial z}{\partial x},\dfrac{\partial z}{\partial y}$.

2. 设 $z=x^{\sin y}$, 求 $\dfrac{\partial z}{\partial x},\dfrac{\partial z}{\partial y}$.

3. 设 $z=\dfrac{x^2+y^2}{xy}$，求 $\dfrac{\partial z}{\partial x},\dfrac{\partial z}{\partial y}$.

4. 设 $z=x\ln(xy)$，求 $\dfrac{\partial^2 z}{\partial x\partial y}$.

5. 设 $z=x^y$，求 $\dfrac{\partial z}{\partial x},\dfrac{\partial z}{\partial y},\dfrac{\partial^2 z}{\partial x^2},\dfrac{\partial^2 z}{\partial y^2}$.

6. 设 $u=\arctan\dfrac{x}{y}$，求 $\dfrac{\partial^2 u}{\partial x^2}+\dfrac{\partial^2 u}{\partial y^2}$.

7. 设 $z=\mathrm{e}^x\sin y, x=2st, y=t+s^2$，求 $\dfrac{\partial z}{\partial s},\dfrac{\partial z}{\partial t}$.

8. 设 $z=f(u,x,y)$，其中 $u=x\mathrm{e}^y$，求 $\dfrac{\partial z}{\partial x},\dfrac{\partial^2 z}{\partial x\partial y}$.

(四)证明题

1. 设 $z=\mathrm{e}^{-\left(\frac{1}{x}+\frac{1}{y}\right)}$，证明 $x^2\dfrac{\partial z}{\partial x}+y^2\dfrac{\partial z}{\partial y}=2z$.

2. 设 $u=\dfrac{1}{r}, r=\sqrt{x^2+y^2+z^2}$，证明 $\dfrac{\partial^2 u}{\partial x^2}+\dfrac{\partial^2 u}{\partial y^2}+\dfrac{\partial^2 u}{\partial z^2}=0$.

3.设 $z=f(r),r=x^2+y^2$,证明 $y\dfrac{\partial z}{\partial x}-x\dfrac{\partial z}{\partial y}=0$.

4.4.4 隐函数的(偏)导数

(一)选择题

1.若 $F(x,y)=0$ 确定函数 $y=f(x)$,则有( ).

 (A) $\dfrac{\mathrm{d}y}{\mathrm{d}x}=-\dfrac{F_x}{F_y}$ (B) $\dfrac{\mathrm{d}y}{\mathrm{d}x}=\dfrac{F_x}{F_y}$ (C) $\dfrac{\mathrm{d}y}{\mathrm{d}x}=\dfrac{F_y}{F_x}$ (D) $\dfrac{\mathrm{d}y}{\mathrm{d}x}=-\dfrac{F_y}{F_x}$

2.若 $F(x,y,z)=0$ 确定函数 $z=f(x,y)$,则有( ).(多选)

 (A) $\dfrac{\partial z}{\partial x}=-\dfrac{F_x}{F_z}$ (B) $\dfrac{\partial z}{\partial x}=\dfrac{F_x}{F_z}$ (C) $\dfrac{\partial z}{\partial y}=-\dfrac{F_y}{F_z}$ (D) $\dfrac{\partial z}{\partial y}=\dfrac{F_y}{F_z}$

3.设 $x=x(y,z),y=y(z,x),z=z(x,y)$ 都是由 $F(x,y,z)=0$ 所确定,具有连续偏导数且不为 0,则 $\dfrac{\partial x}{\partial y}\dfrac{\partial y}{\partial z}\dfrac{\partial z}{\partial x}=$( ).

 (A)1   (B)0   (C)-1 (D)不存在

(二)填空题

1.设 $y=1-x\mathrm{e}^y$,则 $y'=$ _____.

2.设 $\mathrm{e}^{xy}+\sin(x^2y)=y^2$,则 $y'=$ _____.

3.设 $x^y=y^x$,则 $y'=$ _____.

4.设 $y=\left(\dfrac{x}{1+x}\right)^x$,则 $y'=$ _____.

5.设 $x+y+z=\mathrm{e}^z$,则 $\dfrac{\partial z}{\partial x}=$ _____;$\dfrac{\partial z}{\partial y}=$ _____.

6.设 $\sin(xy)+\ln z=0$,则 $\dfrac{\partial z}{\partial x}=$ _____;$\dfrac{\partial z}{\partial y}=$ _____.

7.若 $x^z=y$,则 $\dfrac{\partial z}{\partial x}=$ _____;$\dfrac{\partial z}{\partial y}=$ _____;$\mathrm{d}z=$ _____.

8.设函数 $y=f(x)$ 由方程 $\mathrm{e}^{2x+y}-\cos(xy)=\mathrm{e}-1$ 所确定,则曲线 $y=f(x)$ 在点 $(0,1)$ 处的法线方程为 _____.

(三)计算题

1.求曲线 $x^3+y^3+1=3xy$ 在点 $(0,-1)$ 处的切线方程和法线方程.

2.已知方程 $e^{xy}-2x-y=0$ 确定了 $y=y(x)$，求 $\dfrac{dy}{dx}$.

3.已知方程 $\sqrt{x^2+y^2}=e^{\arctan\frac{y}{x}}$ 确定了 $y=y(x)$，求 $\dfrac{dy}{dx}$.

4.求由方程 $xy-e^x+e^y=0$ 所确定的隐函数 y 的导数 $\dfrac{dy}{dx}$，$\dfrac{dy}{dx}\bigg|_{x=0}$.

5.设 $xyz=e^z$，求 $\dfrac{\partial z}{\partial x}$，$\dfrac{\partial z}{\partial y}$，$\dfrac{\partial^2 z}{\partial x \partial y}$.

6.设 $y=y(x),z=z(x)$，由 $\begin{cases} x+y+z+z^2=0 \\ x+y^2+z+z^3=0 \end{cases}$ 确定，求 $\dfrac{dy}{dx}$，$\dfrac{dz}{dx}$.

(四)证明题

1.已知函数 $y=y(x)$ 由方程 $e^y+xy-e^x=0$ 确定，证明 $y''(0)+2=0$.

2.设 $2\sin(x+2y-3z)=x+2y-3z$，证明 $\dfrac{\partial z}{\partial x}+\dfrac{\partial z}{\partial y}=1$.

3.设由方程 $z = x + y\varphi(z)$ 确定函数 $z = z(x,y)$，且 $1 - y\varphi'(z) \neq 0$，证明 $\dfrac{\partial z}{\partial y} = \varphi(z)\dfrac{\partial z}{\partial x}$.

4.4.5 微分与全微分

(一)选择题

1.设 $f(x)$ 可导，则 $df(x) = ($).
   (A) $f'(x)$ (B) $f'(x) + C$ (C) $f'(x)dx$ (D) $f'(x)dx + C$

2.已知 $f'(x) = 2x$，则 $df(x) = ($).
   (A) $2xdx$ (B) $2x$ (C) x^2 (D) $x^2 dx$

3.设 $y = f(x)$ 可微，则 $\lim\limits_{\Delta x \to 0} \dfrac{\Delta y - dy}{\Delta x} = ($).
   (A) 0   (B) 1   (C) -1 (D) 不存在

4.$d(\sin^2 x) = ($)$d(\sin x)$.
   (A) $2\sin x \cos x$ (B) $2\sin x$ (C) $2\cos x$ (D) $2\sin x \cos x + C$

5.$y = f(x)$ 在 x_0 处可微是在该点处可导的( )条件.
   (A) 充分条件   (B) 必要条件   (C) 充要条件   (D) 无关条件

6.$z = f(x,y)$ 在点 (x_0, y_0) 处连续和偏导数存在是它在 (x_0, y_0) 存在全微分的( ).
   (A) 充分条件   (B) 必要条件
   (C) 充要条件   (D) 既不充分，也非必要

7.$z = f(x,y)$ 的偏导数 $f_x(x,y), f_y(x,y)$ 连续是 $f(x,y)$ 可微的( ).
   (A) 充分条件   (B) 必要条件
   (C) 充要条件   (D) 既不充分，也非必要

8.下列等式成立是( ).
   (A) $d(\sqrt{x}) = \dfrac{dx}{\sqrt{x}}$ (B) $d(e^{\sin x}) = e^{\sin x}d(\sin x)$

   (C) $d[\ln(x^2 + 1)] = \dfrac{dx}{x^2 + 1}$ (D) $d(\tan 3x) = \sec^2 3x\, dx$

(二)填空题

1.设 $y = \ln(1 + x^2)$，当 $x = 1, \Delta x = 0.1$ 时，$dy = $ _____.

2.设 $y = \ln^2(1 - x)$，则 $dy = $ _____.

3.设 $y = x \arctan \sqrt{x}$，则 $dy = $ _____.

4.设 $y = x + x^2 y^2$，则 $dy|_{(0,0)} = $ _____.

5.$d($ _____ $) = \dfrac{1}{1+x}dx$， $d($ _____ $) = e^{-2x}dx$， d($\qquad$) = $\dfrac{1}{\sqrt{x}}$dx，   d($\qquad$) = $\sec^2(3x)$dx.

6. 设 $z = x^2 y + xy^2$，则 dz = _____.

7. 设 $u = e^x \sin(x+y)$ 则 du = _____.

8. 设 $u = \ln\sqrt{x^2+y^2+z^2}$，则 d$u|_{(1,1,1)}$ = _____.

(三) 计算题

1. 设 $y = (e^x + e^{-x})^2$，求 dy.   2. 设 $y = \ln\sqrt{1-x^3}$，求 dy.

3. 设 $e^{x+y} = xy$，求 dy.   4. 设 $f(x,y,z) = \sqrt[z]{\dfrac{x}{y}}$，求 d$f(1,1,1)$.

5. 设 $u = x^y$，求 d$u|_{(1,0)}$.   6. 设 $z = e^{\frac{x}{y}}$，求 d$z|_{(1,2)}$.

7. 计算下列各式的近似值

(1) $\cos 29°$.   (2) $(1.007)^{2.98}$.

4.4.6 综合练习

(一) 选择题

1. 函数 $f(x)$ 在点 x_0 处连续是它在该点处可导的( ).
   (A) 必要条件但不是充分条件   (B) 充分条件但不是必要条件
   (C) 充分必要条件   (D) 既不是充分条件也不是必要条件

2. 函数 $f(x)$ 在点 x_0 处的导数 $f'(x_0)$ 等于( ).
   (A) $\lim\limits_{\Delta x \to 0} \dfrac{f(x_0+2\Delta x)-f(x_0)}{\Delta x}$ (B) $\lim\limits_{\Delta x \to 0} \dfrac{f(x_0-2\Delta x)-f(x_0)}{\Delta x}$;
   (C) $\lim\limits_{\Delta x \to 0} \dfrac{f(x_0+2\Delta x)-f(x_0-\Delta x)}{\Delta x}$ (D) $\lim\limits_{\Delta x \to 0} \dfrac{f(x_0)-f(x_0-2\Delta x)}{2\Delta x}$;

3. 已知函数 $f(x)$ 具有任意阶导数，且 $f'(x)=(f(x))^2$，则当 n 为大于 2 的正整数时，$f(x)$ 的 n 阶导数 $f^{(n)}(x)$ 是（　　）.

(A) $n!(f(x))^{n+1}$　　(B) $n(f(x))^{n+1}$　　(C) $(f(x))^{2n}$　　(D) $n!(f(x))^{2n}$

4. 函数 $f(x,y)$ 在点 (x_0,y_0) 连续是函数在该点处可微分的_____条件，是函数在该点处可偏导的_____条件.

(A) 充分而不必要　　　　　　　　(B) 必要而不充分

(C) 必要且充分　　　　　　　　　(D) 既不必要也不充分

(二) 填空题

1. 设 $f'(x)$ 存在，则 $\lim\limits_{h\to\infty}h\left[f\left(x+\dfrac{1}{h}\right)-f(x)\right]=$ _____.

2. 曲线 $y=x^2-x+1$ 过点 $(0,1)$ 的切线方程是 _____.

3. 设函数 $y=f(x^3)$，则 $\dfrac{dy}{dx}=$ _____.

4. 设函数 $y=\cos x$，则 $y^{(n)}=$ _____.

5. $d(\quad)=\dfrac{1}{\sqrt{x}}dx$.

6. 设函数 $z=f(x,y)$，则 $z=f(x,y)$ 的全微分 $dz=$ _____.

(三) 计算题

1. 设 $f(x)=\begin{cases}2e^x+a, & x<0 \\ x^2+bx+1, & x\geq 0\end{cases}$，欲使 $f(x)$ 在 $x=0$ 处可导，试求 a,b.

2. 设函数 $y=e^{-\frac{x}{2}}\cos 2x$，求 $\dfrac{dy}{dx}$.

3. 已知函数 $y=(\arcsin x)^2$，求 $\dfrac{dy}{dx}$.

4.设函数 $y = x^3 e^{2x}$,求 y''.

5.设函数 $y = \tan^2(1+x^2)$,求 dy.

6.求由方程 $y = \cos(x+y)$ 确定的函数的一阶导数.

7.求由参数方程 $\begin{cases} x = \cos^2 t \\ y = \sin^2 t \end{cases}$ 所确定的函数的导数 $\dfrac{dy}{dx}$.

8.已知函数 $z = x^2 \sin(x+2y)$,求 $\dfrac{\partial z}{\partial x}, \dfrac{\partial z}{\partial y}$.

9.已知 $z = x\ln(xy)$,求 $\dfrac{\partial^2 z}{\partial x^2}, \dfrac{\partial^2 z}{\partial y^2}, \dfrac{\partial^2 z}{\partial x \partial y}$.

10.计算函数 $z = e^{xy}$ 在点 $(2,1)$ 处的微分.

第 5 章 微分学的应用

5.1 主要内容

1.微分学在几何中的应用

(1)平面曲线的切线与法线.

平面曲线 $y=f(x)$ 在点 $(x_0,f(x_0))$ 处的切线斜率为 $k=f'(x_0)$,曲线在点 $(x_0,f(x_0))$ 处的切线方程为

$$y-f(x_0)=f'(x_0)(x-x_0)$$

法线方程为

$$y-f(x_0)=-\frac{1}{f'(x_0)}(x-x_0) \qquad (f(x_0)\neq 0)$$

平面曲线的方程 $y=y(x)$ 可由参数方程 $\begin{cases} x=\varphi(t) \\ y=\psi(t) \end{cases}$ 表示,且当 $t=t_0$ 时 $x=x_0, y=y_0$,由参数方程的求导公式知,该曲线在点 (x_0,y_0) 处的切线斜率为

$$k=\frac{dy}{dx}\bigg|_{t=t_0}=\frac{\psi'(t_0)}{\varphi'(t_0)}$$

曲线在点 (x_0,y_0) 处的切线方程为

$$y-y_0=\frac{\psi'(t_0)}{\varphi'(t_0)}(x-x_0) \quad \text{或} \quad \psi'(t_0)(x-x_0)-\varphi'(t_0)(y-y_0)=0$$

法线方程为

$$y-y_0=-\frac{\varphi'(t_0)}{\psi'(t_0)}(x-x_0) \quad \text{或} \quad \varphi'(t_0)(x-x_0)+\psi'(t_0)(y-y_0)=0$$

平面曲线的方程为 $y=y(x)$ 可由隐式方程 $F(x,y)=0$ 表示,则由隐函数定理知,曲线在点 (x_0,y_0) 处的切线斜率为 $k=y'(x_0)=-\dfrac{F_x}{F_y}\bigg|_{\substack{x=x_0 \\ y=y_0}}=-\dfrac{F_x(x_0,y_0)}{F_y(x_0,y_0)}$,因而曲线在点 (x_0,y_0) 处的切线方程为

$$y-y_0=-\frac{F_x(x_0,y_0)}{F_y(x_0,y_0)}(x-x_0) \quad \text{或} \quad F_x(x_0,y_0)(x-x_0)+F_y(x_0,y_0)(y-y_0)=0$$

法线方程为

$$y-y_0=\frac{F_y(x_0,y_0)}{F_x(x_0,y_0)}(x-x_0) \quad \text{或} \quad F_y(x_0,y_0)(x-x_0)-F_x(x_0,y_0)(y-y_0)=0$$

2.三个微分中值定理

(1)罗尔(Rolle)定理.

如果函数 $y=f(x)$ 满足下列三个条件:①在闭区间 $[a,b]$ 上连续;②在开区间 (a,b) 内可导;③$f(a)=f(b)$,则至少存在一点 $\xi\in(a,b)$,使 $f'(\xi)=0$.

(2)拉格朗日(Lagrange)中值定理.

如果函数 $y=f(x)$ 满足下列两个条件:①在闭区间 $[a,b]$ 上连续;②在开区间 (a,b) 内可导,则至少存在一点 $\xi\in(a,b)$,使得 $f'(\xi)=\dfrac{f(b)-f(a)}{b-a}$ 或 $f(b)-f(a)=f'(\xi)(b-a)$.

(3)柯西(Cauchy)中值定理.

如果函数 $f(x)$ 与 $g(x)$ 满足下列两个条件:①在闭区间 $[a,b]$ 上连续;②在开区间 (a,b) 内可导,且 $g'(x)\neq 0, x\in(a,b)$,则在 (a,b) 内至少存在一点 ξ,使得

$$\frac{f(b)-f(a)}{g(b)-g(a)}=\frac{f'(\xi)}{g'(\xi)}$$

3.洛必达法则

如果①$\lim\limits_{x\to x_0}f(x)=0, \lim\limits_{x\to x_0}g(x)=0$;

②函数 $f(x)$ 与 $g(x)$ 在 x_0 某个邻域内(点 x_0 可除外)可导,且 $g'(x)\neq 0$;

③$\lim\limits_{x\to x_0}\dfrac{f'(x)}{g'(x)}=A$($A$ 为有限数,也可为 ∞,$+\infty$ 或 $-\infty$),则

$$\lim_{x\to x_0}\frac{f(x)}{g(x)}=\lim_{x\to x_0}\frac{f'(x)}{g'(x)}=A$$

注意:上述定理对于 $x\to\infty$ 时的 $\dfrac{0}{0}$ 型未定式同样适用,对于 $x\to x_0$ 或 $x\to\infty$ 时的 $\dfrac{\infty}{\infty}$ 型未定式也有相应的法则.$0\cdot\infty$、$\infty-\infty$、1^∞、∞^0、0^0 这些类型的未定式也可以化为前面已经讨论过的、可使用洛必达法则的 $\dfrac{0}{0}$ 型及 $\dfrac{\infty}{\infty}$ 型.

4.一元函数的单调性和凹凸性

(1)函数的单调性的判别以及单调区间的求法.

设函数 $f(x)$ 在闭区间 $[a,b]$ 上连续,在开区间 (a,b) 内可导,则有

①若在 (a,b) 内 $f'(x)>0$,则函数 $f(x)$ 在 $[a,b]$ 上单调增加;

②若在 (a,b) 内 $f'(x)<0$,则函数 $f(x)$ 在 $[a,b]$ 上单调减少.

(2)函数图形的凹、凸与拐点.

①曲线凹凸定义.若在区间 (a,b) 内曲线 $y=f(x)$ 各点的切线都位于该曲线的下方,则称此曲线在 (a,b) 内是向上凹的(简称上凹,或称下凸);若曲线 $y=f(x)$ 各点的切线都位于曲线的上方,则称此曲线在 (a,b) 内是向上凸的(简称下凹,或称上凸).

②曲线凹凸判定定理.设函数在区间 (a,b) 内具有二阶导数,如果在区间 (a,b) 内 $f''(x)>0$,则曲线 $y=f(x)$ 在 (a,b) 内是上凹的.如果在区间 (a,b) 内 $f''(x)<0$,则曲线 $y=f(x)$ 在 (a,b) 内

是下凹的.

③拐点.若连续曲线 $y=f(x)$ 上的点 $P(x_0,y_0)$ 是曲线凹、凸部分的分界点,则称点 P 是曲线 $y=f(x)$ 的拐点.

5.函数的极值、极值点与驻点

(1)极值的定义.设函数 $f(x)$ 在点 x_0 的某邻域内有定义,如果对于该邻域内任一点 $x(x\neq x_0)$,都有 $f(x)<f(x_0)$,则称 $f(x_0)$ 是函数 $f(x)$ 的极大值;如果对于该邻域内任一点 $x(x\neq x_0)$,都有 $f(x)>f(x_0)$,则称 $f(x_0)$ 是函数 $f(x)$ 的极小值.函数的极大值与极小值统称为函数的极值,使函数取得极值的点 x_0 称为函数 $f(x)$ 的极值点.

驻点.使 $f'(x)=0$ 的点 x 称为函数 $f(x)$ 的驻点.

(2)极值的求法.

定理1(极值的必要条件)

设函数 $f(x)$ 在 x_0 处可导,且在点 x_0 处取得极值,那么 $f'(x_0)=0$.

定理2(极值的第一充分条件)

设函数 $f(x)$ 在点 x_0 连续,在点 x_0 的某一去心邻域内的任一点 x 处可导,当 x 在该邻域内由小增大经过 x_0 时,如果

①$f'(x)$ 由正变负,那么 x_0 是 $f(x)$ 的极大值点,$f(x_0)$ 是 $f(x)$ 的极大值;

②$f'(x)$ 由负变正,那么 x_0 是 $f(x)$ 的极小值点,$f(x_0)$ 是 $f(x)$ 的极小值;

③$f'(x)$ 不改变符号,那么 x_0 不是 $f(x)$ 的极值点.

由定理2可得到求极值的步骤如下:

①求导数 $f'(x)$,并由方程 $f'(x)=0$ 求出函数的驻点,以及不可导点;

②考察各驻点和不可导点左、右两侧 $f'(x)$ 的符号,判别其是否为极值点;

③求出极值.

定理3(极值的第二充分条件)

设函数 $f(x)$ 在点 x_0 处有二阶导数,且 $f'(x_0)=0$,$f''(x_0)\neq 0$,则 x_0 是函数 $f(x)$ 的极值点,$f(x_0)$ 为函数 $f(x)$ 的极值,且有

①如果 $f''(x_0)<0$,则 $f(x)$ 在点 x_0 处取得极大值;

②如果 $f''(x_0)>0$,则 $f(x)$ 在点 x_0 处取得极小值.

(3)函数的最大值与最小值.

在闭区间上连续的函数一定存在着最大值和最小值,连续函数在闭区间上的最大值和最小值只可能在区间内的驻点、不可导点或闭区间的端点处取得,因此可以直接求出所有这样的点处的函数值,比较其大小即可得出函数的最大值和最小值.

注意:如果在区间内仅有一个极值,则这个极值就是最值(最大值或最小值).

实际问题求最值的步骤:

①建立目标函数;

②求目标函数的最值:如果目标函数仅有唯一驻点时,则该点的函数值就是所求的最大值(或最小值).

6.一元函数图形的描绘

曲线的渐近线.

水平渐近线. 若当 $x\to\infty$(或 $x\to+\infty$ 或 $x\to-\infty$)时,有 $f(x)\to b$(b 为常数),则称曲线 $y=f(x)$ 有水平渐近线 $y=b$.

垂直渐近线. 若当 $x\to a$(或 $x\to a^-$ 或 $x\to a^+$)(a 为常数)时,有 $f(x)\to\infty$,则称曲线 $y=f(x)$ 有垂直渐近线 $x=a$.

斜渐近线. 若函数 $y=f(x)$ 满足 $a=\lim\limits_{x\to\infty}\dfrac{f(x)}{x}$,$b=\lim\limits_{x\to\infty}[f(x)-ax]$(其中自变量的变化过程 $x\to\infty$ 可同时换成 $x\to+\infty$ 或 $x\to-\infty$),则称曲线 $y=f(x)$ 有斜渐近线 $y=ax+b$.

7. 多元函数的极值与最值

(1) 二元函数的极值.

定义 设函数 $z=f(x,y)$ 在点 (x_0,y_0) 的某一领域内有定义,如果对该值域内一切异于 (x_0,y_0) 的点 (x,y) 都有

$$f(x,y)<f(x_0,y_0)(\text{或 } f(x,y)>f(x_0,y_0))$$

则称 $z=f(x,y)$ 在点 (x_0,y_0) 取得极大值(或极小值)$f(x_0,y_0)$,点 (x_0,y_0) 称为极大值点(或极小值点),极大值与极小值统称为极值,极大值点与极小值点统称为极值点.

定理 1 (极值的必要条件) 如果函数 $z=f(x,y)$ 在点 (x_0,y_0) 处取得极值,且在该点的偏导数存在,则必有

$$f_x(x_0,y_0)=0, \quad f_y(x_0,y_0)=0$$

定理 2 (极值的充分条件) 设 (x_0,y_0) 是函数 $z=f(x,y)$ 的驻点,且函数在点 (x_0,y_0) 的某邻域内具有二阶连续偏导数,令

$$f_{xx}(x_0,y_0)=A, \quad f_{xy}(x_0,y_0)=B, \quad f_{yy}(x_0,y_0)=C$$

则 $f(x,y)$ 在 (x_0,y_0) 处是否取得极值的条件如下:

① 当 $AC-B^2>0$ 时,(x_0,y_0) 是 $f(x,y)$ 的极值点,且当 $A<0$ 时,$f(x_0,y_0)$ 为极大值,当 $A>0$ 时,$f(x_0,y_0)$ 为极小值;

② 当 $AC-B^2<0$ 时,(x_0,y_0) 不是 $f(x,y)$ 的极值点;

③ 当 $AC-B^2=0$ 时,(x_0,y_0) 可能是极值点,也可能不是极值点,需另作讨论.

所以求有连续二阶偏导数的函数 $z=f(x,y)$ 极值的一般思路:

① 求 $f(x,y)$ 的全部驻点;

② 利用极值的充分条件判定驻点是否为极值点;

③ 求出各极值点的函数值.

(2) 二元函数的最大值与最小值.

求有界闭域 D 上的连续函数 $z=f(x,y)$ 最大值、最小值的解题思路:

① 求出 $f(x,y)$ 在 D 内的全部驻点及偏导数不存在的点,不妨设为 $(x_1,y_1),(x_2,y_2)\cdots(x_n,y_n)$;

② 求 $f(x_1,y_1),f(x_2,y_2),\cdots,f(x_n,y_n)$;

③ 求出 $f(x,y)$ 在 D 的边界上的最大、最小值 $\widetilde{M}$、$\widetilde{m}$;

④ $f(x,y)$ 在此闭域上的最大值为 $M=\max\{f(x_1,y_1),f(x_2,y_2),\cdots,f(x_n,y_n),\widetilde{M}\}$,最小值 $m=\min\{f(x_1,y_1),f(x_2,y_2),\cdots,f(x_n,y_n),\widetilde{m}\}$.

(3)条件极值与拉格朗日乘数法.

求 $z=f(x,y)$ 在条件 $\varphi(x,y)=0$ 下的极值,一般方法为:

① 构造拉格朗日函数 $F(x,y,\lambda)=f(x,y)+\lambda\varphi(x,y)$;

② 将 $F(x,y,\lambda)$ 分别对 x、y、λ 求偏导数,构造下列方程组

$$\begin{cases} F'_x = f'_x(x,y)+\lambda\varphi'_x(x,y)=0 \\ F'_y = f'_y(x,y)+\lambda\varphi'_y(x,y)=0 \\ F'_\lambda = \varphi(x,y)=0 \end{cases}$$

解出 (x,y),这是可能极值点的坐标;

③ 判定上述点是否为极值点,如果是,求出该点的函数值 $f(x,y)$.

8. 微分学在经济中的简单应用

(1)边际分析.

总成本、平均成本、边际成本

总成本是生产一定量的产品所需要的成本总额,通常由固定成本和可变成本两部分构成,用 $C(Q)$ 表示,其中 Q 表示产品的产量,$C(Q)$ 表示当产量为 Q 时的总成本.

不生产时,$Q=0$,这时 $C(Q)=C(0)$,$C(0)$ 就是固定成本.

而 $\dfrac{C(Q)}{Q}$ 称为平均成本函数,表示在产量为 Q 时平均每单位产品的成本.

若成本函数 $C(Q)$ 在区间 I 内可导,则 $C'(Q)$ 为 $C(Q)$ 在区间 I 内的边际成本函数,产量为 Q_0 时的边际成本 $C'(Q_0)$ 为边际成本函数 $C'(Q)$ 在 Q_0 处的函数值.

总收益、平均收益、边际收益

总收益是生产者出售一定量产品所得到的全部收入,表示为 $R(Q)$,其中 Q 表示销售量(在以下的讨论中,我们总是假设销售量、产量、需求量均相等).

平均收益函数为 $R(Q)/Q$,表示销售量为 Q 时单位销售量的平均收益.

$R'(Q)$ 称为边际收益函数,且 $R'(Q_0)=R'(Q)|_{Q=Q_0}$.

总利润、平均利润、边际利润

总利润是指销售 Q 个单位的产品所获得的净收入,即总收益与总成本之差,记 $L(Q)$ 为总利润,则 $L(Q)=R(Q)-c(Q)$(其中 Q 表示销售量);

$L(Q)/Q$ 称为平均利润函数;

$L'(Q)$ 称为边际利润函数,且 $L'(Q_0)=L'(Q)|_{Q=Q_0}$.

(2)弹性分析.

两点间的弹性:设函数 $y=f(x)$ 在点 x_0($x_0\neq 0$)的某邻域内有定义,且 $f(x_0)\neq 0$,如果极限

$$\lim_{\Delta x\to 0}\frac{\Delta y/f(x_0)}{\Delta x/x_0}=\lim_{\Delta x\to 0}\frac{[f(x_0+\Delta x)-f(x_0)]/f(x_0)}{\Delta x/x_0}$$

存在,则称此极限值为函数 $y=f(x)$ 在点 x_0 处的点弹性,记为 $\left.\dfrac{Ey}{Ex}\right|_{x=x_0}$;

称比值 $\dfrac{\Delta y/f(x_0)}{\Delta x/x_0}=\dfrac{[f(x_0+\Delta x)-f(x_0)]/f(x_0)}{\Delta x/x_0}$ 为函数 $y=f(x)$ 在 x_0 与 $x_0+\Delta x$ 之

间的平均相对变化率,经济上也叫做点 x_0 与 $x_0+\Delta x$ 之间的弧弹性.

一点处的弹性函数:如果函数 $y=f(x)$ 在区间 (a,b) 内可导,且 $f(x)\neq 0$,则称 $\dfrac{Ey}{Ex}=\dfrac{x}{f(x)}f'(x)$ 为函数 $y=f(x)$ 在区间 (a,b) 内的点弹性函数.函数在一点处的弹性可正可负.

需求弹性函数:设某商品的市场需求量为 Q,价格为 P,需求函数 $Q=Q(P)$ 可导,则称

$$\frac{EQ}{EP}=\frac{P}{Q}\cdot\frac{dQ}{dP}$$

为该商品的需求价格弹性,简称为需求弹性,通常记为 ε_P.

需求弹性 ε_P 表示商品需求量 Q 对价格 P 变动的反应强度.由于需求量与价格反方向变动,即需求函数为价格的减函数,故需求弹性为负值,即 $\varepsilon_P<0$.因此需求价格弹性表明当商品的价格上涨(下降)1%时,其需求量将减少(增加)约 $|\varepsilon_P|$%.

在经济学中,为了便于比较需求弹性的大小,通常取 ε_P 的绝对值 $|\varepsilon_P|$,并根据 $|\varepsilon_P|$ 的大小,将需求弹性化分为以下几个范围:

① 当 $|\varepsilon_P|=1$(即 $\varepsilon_P=-1$)时,称为单位弹性,这时当商品价格增加(减少)1%时,需求量相应地减少(增加)1%,即需求量与价格变动的百分比相等;

② 当 $|\varepsilon_P|>1$(即 $\varepsilon_P<-1$)时,称为高弹性(或富于弹性),这时当商品的价格变动1%时,需求量变动的百分比大于1%,价格的变动对需求量的影响较大;

③ 当 $|\varepsilon_P|<1$(即 $-1<\varepsilon_P<0$)时,称为低弹性(或缺乏弹性),这时当商品的价格变动1%,需求量变动的百分比小于1%,价格的变动对需求量的影响不大;

④ 当 $|\varepsilon_P|=0$(即 $\varepsilon_P=0$)时,称为需求完全缺乏弹性,这时,不论价格如何变动,需求量固定不变,即需求函数的形式为 $Q=K$(K 为任何既定常数);

⑤ 当 $|\varepsilon_P|=\infty$(即 $\varepsilon_P=-\infty$)时,称为需求完全富于弹性,表示在既定价格下,需求量可以任意变动.

供给弹性函数:设某商品供给函数 $Q=Q(P)$ 可导,(其中 P 表示价格,Q 表示供给量)则称

$$\frac{EQ}{EP}=\frac{P}{Q}\cdot\frac{dQ}{dP}$$

为该商品的供给价格弹性,简称供给弹性,通常用 ε_s 表示.ΔP 和 ΔQ 同方向变化,故 $\varepsilon_s>0$.它表明当商品价格上涨1%时,供给量将增加 ε_s%.对 ε_s 的讨论,完全类似于需求弹性 ε_P,这里不再重复.

(3)经济最值问题.

由总利润函数、总收益函数、总成本函数的定义及函数取得最大值的必要条件与充分条件可得如下结论.

由定义, $L(Q)=R(Q)-C(Q)$, $L'(Q)=R'(Q)-C'(Q)$

令 $L'(Q)=0$,则 $R'(Q)=C'(Q)$.

结论1:函数取得最大利润的必要条件是边际收益等于边际成本.

又由 $L(x)$ 取得最大值的充分条件

$$L'(x)=0 \text{ 且 } L''(Q)<0$$

可得:$R''(x)=C''(Q)$.

结论 2:函数取得最大利润的充分条件是边际收益等于边际成本且边际收益的变化率小于边际成本的变化率.

5.2 学法建议

(1)本章重点是用洛必达法则求未定式的极限,利用导数判定函数的单调性与凹向及拐点,利用导数求函数的极限的方法以及求简单函数的最大值与最小值问题.多元函数的极值和无条件极值求解是本章的难点,利用偏导数求解函数的极值和最值,解决实际问题中的最优化问题.

(2)中值定理是导数应用的理论基础,一定要弄清楚它们的条件与结论.尽管定理中并没有指明 ξ 的确切位置,但它们在利用导数解决实际问题与研究函数的性态方面所起的作用仍十分重要,建议在学习过程中借助几何图形,知道几个中值定理的几何解释.

(3)用洛必达法则求极限时,建议与教科书第 3 章求极限的方法结合起来使用.

(4)函数的图形是函数的性态的几何直观表示,它有助于我们对函数性态的了解,准确做出函数图形的前提是正确讨论函数的单调性、极值、凹向与拐点以及渐近线等,这就要求读者按教材中指出的步骤完成.

(5)理解边际弹性的概念,能利用导数求解经济学中的利润最大、成本最小、存贮费用最低的应用题.

重点:用洛必达法则求未定式的极限,利用导数判断函数的单调性与图形凹性及拐点,利用导数求函数的极值的方法以及求简单一元、二元函数的最大值与最小值的应用题,利用导数解决经济学中的简单问题.

5.3 疑难解析

1.有关中值定理命题的证明

例 1 试考察函数 $f(x)=\begin{cases}\sqrt{1-4x-x^2}, & -4\leqslant x<0\\ x^3-x^2-2x+1, & 0\leqslant x\leqslant 1\end{cases}$ 在闭区间 $[-4,1]$ 上是否满足拉格朗日中值定理的条件? 若满足,则求出该定理中结论的 ξ 值.

解 因为 $\lim\limits_{x\to 0^-}f(x)=\lim\limits_{x\to 0^-}\sqrt{1-4x-x^2}=1=f(0)$

$\lim\limits_{x\to 0^+}f(x)=\lim\limits_{x\to 0^+}(x^3-x^2-2x+1)=1=f(0)$

所以 $f(x)$ 在 $x=0$ 处连续;又 $f(x)$ 在 $[-4,0)$、$(0,1]$ 内都连续,从而 $f(x)$ 在闭区间 $[-4,1]$ 上连续.

又函数 $f(x)$ 在开区间 $(-4,0)$、$(0,1)$ 内可导,而在 $x=0$ 处,由于

$$f'_-(0)=\lim_{x\to 0^-}\frac{f(x)-f(0)}{x-0}=\lim_{x\to 0^-}\frac{\sqrt{1-4x-x^2}-1}{x}=-2$$

$$f'_+(0)=\lim_{x\to 0^+}\frac{f(x)-f(0)}{x-0}=\lim_{x\to 0^+}\frac{x^3-x^2-2x+1-1}{x}=-2$$

所以 $f(x)$ 在点 $x=0$ 处也可导,因而在开区间 $(-4,1)$ 内可导.

总之 $f(x)$ 在闭区间 $[-4,1]$ 上满足拉格朗日中值定理的条件. 根据拉格朗日中值定理, 存在 $\xi \in (-4,1)$, 使得 $f'(\xi) = \dfrac{f(1)-f(-4)}{1-(-4)} = -\dfrac{2}{5}$.

而 $f'(x) = \begin{cases} \dfrac{-2-x}{\sqrt{1-4x-x^2}}, & -4<x<0 \\ 3x^2-2x-2, & 0 \leqslant x<1 \end{cases}$.

分别令 $\dfrac{-2-\xi}{\sqrt{1-4\xi-\xi^2}} = -\dfrac{2}{5}$, $3\xi^2-2\xi-2 = -\dfrac{2}{5}$, 得

$$\xi = \dfrac{-58 \pm \sqrt{580}}{29} \in (-4,0) \quad \text{及} \quad \xi = \dfrac{5 \pm \sqrt{145}}{15} \notin (0,1)(\text{舍去})$$

所以, 在开区间 $(-4,1)$ 内, 满足拉格朗日中值定理的 $\xi = \dfrac{-58 \pm \sqrt{580}}{29} \in (-4,0)$.

例 2 设函数 $f(x)$ 在闭区间 $[0,1]$ 上连续, 在开区间 $(0,1)$ 内可导, 且 $f(1)=0$, 求证至少存在一点 $\xi \in (0,1)$, 使得 $(2\xi+1)f(\xi)+\xi f'(\xi)=0$.

证明 令 $F(x) = xe^{2x}f(x)$, 则 $F(x)$ 在 $[0,1]$ 上连续, 在 $(0,1)$ 内可导, 且
$$F(0)=0, \quad F(1)=e^2 f(1)=0$$
所以 $F(x)$ 在闭区间 $[0,1]$ 上满足罗尔定理的条件, 故至少存在一点 $\xi \in (0,1)$, 使得
$$F'(\xi)=0$$
从而 $(2\xi+1)f(\xi)+\xi f'(\xi)=0$.

例 3 设函数 $f(x)$ 在闭区间 $[0,1]$ 上可微, 对 $[0,1]$ 上的每一个点 x, 函数 $f(x)$ 的值都在开区间 $(0,1)$ 内, 且 $f'(x) \neq 1$, 证明在开区间 $(0,1)$ 内有且仅有一个 x, 使得 $f(x)=x$.

证明 (存在性) 令 $F(x)=f(x)-x$, 则 $F(x)$ 在 $[0,1]$ 上连续, 由于 $0<f(x)<1$, 所以 $F(1)=f(1)-1<0$, $F(0)=f(0)>0$, 由零点定理可得在区间 $(0,1)$ 内至少有一个 x 使得 $F(x)=f(x)-x=0$, 即 $f(x)=x$.

(唯一性) 若存在两个点 $x_1, x_2 \in (0,1), x_1 \neq x_2$, 使得 $f(x_1)=x_1, f(x_2)=x_2$, 则由拉格朗日中值定理知, 至少存在一点 x 使得 $f'(x) = \dfrac{f(x_2)-f(x_1)}{x_2-x_1} = \dfrac{x_2-x_1}{x_2-x_1} = 1$, 这与 $f'(x) \neq 1$ 的题设矛盾, 因此, 在 $(0,1)$ 内有且仅有一点 x 使得 $f(x)=x$.

例 4 求证当 $b>a>0$ 时, $\dfrac{b-a}{a} > \ln \dfrac{b}{a} > \dfrac{b-a}{b}$.

证明 当 $b>a>0$ 时, 设 $f(x)=\ln x$, 则 $f(x)$ 在 $[a,b]$ 上满足拉格朗日定理的条件, 故
$$f(b)-f(a)=f'(\xi)(b-a) \quad (a<\xi<b)$$

由 $f'(x)=\dfrac{1}{x}$, 且 $\dfrac{1}{a} > \dfrac{1}{\xi} > \dfrac{1}{b}$, 得

$$\dfrac{b-a}{a} > \ln \dfrac{b}{a} = \dfrac{b-a}{\xi} > \dfrac{b-a}{b}$$

例 5 求证 $\arctan x + \arccos \dfrac{x}{\sqrt{1+x^2}} = \dfrac{\pi}{2}$.

证明 设 $f(x) = \arctan x + \arccos \dfrac{x}{\sqrt{1+x^2}}$.

因为 $f'(x)=\dfrac{1}{1+x^2}-\dfrac{1}{\sqrt{1-\left(\dfrac{x}{\sqrt{1+x^2}}\right)^2}}\dfrac{\sqrt{1+x^2}-x\dfrac{x}{\sqrt{1+x^2}}}{1+x^2}=0$

所以 $f(x)\equiv C$,C 是常数.

又因为 $f(1)=\arctan 1+\arccos\dfrac{1}{\sqrt{2}}=\dfrac{\pi}{4}+\dfrac{\pi}{4}=\dfrac{\pi}{2}$,即 $C=\dfrac{\pi}{2}$,故

$$\arctan x+\arccos\dfrac{x}{\sqrt{1+x^2}}=\dfrac{\pi}{2}$$

2.用洛必达法则求未定式的极限的方法

例 6 求下列极限:

(1) $\lim\limits_{x\to 0}\dfrac{x\cot x-1}{x^2}$;   (2) $\lim\limits_{x\to 3^+}\dfrac{\cos x\ln(x-3)}{\ln(e^x-e^3)}$;   (3) $\lim\limits_{x\to 0}\left[\dfrac{1}{x}-\dfrac{1}{x^2}\ln(1+x)\right]$;

(4) $\lim\limits_{x\to 0^+}(\sqrt[n]{x}\cdot\ln x)$;   (5) $\lim\limits_{x\to +\infty}\dfrac{x+\cos x}{x}$;   (6) $\lim\limits_{x\to 0}(\cos 2x)^{\frac{1}{x^2}}$.

解 (1)由于 $x\to 0$ 时,$x\cot x=\dfrac{x}{\tan x}\to 1$,故原极限为 $\dfrac{0}{0}$ 型,用洛必达法则,所以

$$\lim_{x\to 0}\dfrac{x\cot x-1}{x^2}=\lim_{x\to 0}\dfrac{x\cos x-\sin x}{x^2\sin x}$$

$$=\lim_{x\to 0}\dfrac{x\cos x-\sin x}{x^3}\text{(分母等价无穷小代换)}$$

$$=\lim_{x\to 0}\dfrac{\cos x-x\sin x-\cos x}{3x^2}$$

$$=\dfrac{-1}{3}\lim_{x\to 0}\dfrac{\sin x}{x}=\dfrac{-1}{3}$$

(2)此极限为 $\dfrac{\infty}{\infty}$,可直接应用洛必达法则.所以

$$\lim_{x\to 3^+}\dfrac{\cos x\ln(x-3)}{\ln(e^x-e^3)}=\lim_{x\to 3^+}\cos x\cdot\lim_{x\to 3^+}\dfrac{\ln(x-3)}{\ln(e^x-e^3)}$$

$$=\cos 3\cdot\lim_{x\to 3^+}\dfrac{1}{e^x}\cdot\lim_{x\to 3^+}\dfrac{e^x-e^3}{x-3}$$

$$=\dfrac{1}{e^3}\cdot\cos 3\cdot\lim_{x\to 3^+}e^x=\cos 3$$

(3)所求极限为 $\infty-\infty$ 型,不能直接用洛必达法则,通分后可变成 $\dfrac{0}{0}$ 或 $\dfrac{\infty}{\infty}$ 型.

$$\lim_{x\to 0}\left[\dfrac{1}{x}-\dfrac{1}{x^2}\ln(1+x)\right]=\lim_{x\to 0}\dfrac{x-\ln(1+x)}{x^2}=\lim_{x\to 0}\dfrac{1-\dfrac{1}{1+x}}{2x}$$

$$=\lim_{x\to 0}\dfrac{1+x-1}{2x(1+x)}=\lim_{x\to 0}\dfrac{1}{2(1+x)}=\dfrac{1}{2}$$

(4) 所求极限为 $0 \cdot \infty$ 型,得

$$\lim_{x \to 0^+} \sqrt[n]{x} \cdot \ln x = \lim_{x \to 0^+} \frac{\ln x}{x^{-\frac{1}{n}}} \quad \left(\frac{\infty}{\infty}\text{型}\right)$$

$$= \lim_{x \to 0^+} \frac{\frac{1}{x}}{-\frac{1}{n}x^{-\frac{1}{n}-1}} = -\lim_{x \to 0^+} \frac{nx^{1+\frac{1}{n}}}{x} = -n \lim_{x \to 0^+} x^{\frac{1}{n}} = 0.$$

(5) 此极限为 $\frac{\infty}{\infty}$ 型,用洛必达法则,得

$$\lim_{x \to +\infty} \frac{x + \cos x}{x} = \lim_{x \to +\infty} \frac{1 - \sin x}{1} \text{不存在}$$

但 $\lim\limits_{x \to +\infty} \dfrac{x + \cos x}{x} = \lim\limits_{x \to +\infty} \dfrac{1 + \dfrac{1}{x}\cos x}{1} = 1 + \lim\limits_{x \to +\infty} \dfrac{1}{x}\cos x = 1 + 0 = 1.$

(6) 此极限为 1^∞ 型,化为适用洛必达法则的形式,得

$$\lim_{x \to 0}(\cos 2x)^{\frac{1}{x^2}} = \lim_{x \to 0} e^{\frac{\ln\cos 2x}{x^2}} = e^{\lim\limits_{x \to 0}\frac{\ln\cos 2x}{x^2}}$$

又因为 $\lim\limits_{x \to 0} \dfrac{\ln\cos 2x}{x^2} = \lim\limits_{x \to 0} \dfrac{-2\tan 2x}{2x} = \lim\limits_{x \to 0} \dfrac{-\tan 2x}{x} = -2$,故

$$\lim_{x \to 0}(\cos 2x)^{\frac{1}{x^2}} = e^{-2}.$$

小结 使用洛必达法则时,应注意以下几点:

(1) 洛必达法则可以连续使用,但每次使用法则前,必须检验是否属于 $\dfrac{0}{0}$ 或 $\dfrac{\infty}{\infty}$ 未定型,若不是未定型,就不能使用法则;

(2) 如果有可约因子,或有非零极限的乘积因子,则可先约去或提出,以简化演算步骤;

(3) 当 $\lim \dfrac{f'(x)}{g'(x)}$ 不存在时,并不能断定 $\lim \dfrac{f(x)}{g(x)}$ 也不存在,此时应使用其他方法求极限.

3. 单调性的判别与极值的求法

例7 试证当 $x \neq 1$ 时,$e^x > ex$.

证 令 $f(x) = e^x - ex$,易见 $f(x)$ 在 $(-\infty, +\infty)$ 内连续,且 $f(1) = 0$,$f'(x) = e^x - e$.

当 $x < 1$ 时,$f'(x) = e^x - e < 0$ 可知 $f(x)$ 为 $(-\infty, 1]$ 上的严格单调减少函数,即 $f(x) > f(1) = 0$.

当 $x > 1$ 时,$f'(x) = e^x - e > 0$,可知 $f(x)$ 为 $[1, +\infty)$ 上的严格单调增加函数,即 $f(x) > f(1) = 0$.

故对任意 $x \neq 1$,有 $f(x) > 0$,即 $e^x - ex > 0$,$e^x > ex$.

例8 求函数 $y = \dfrac{x^4}{4} - x^3$ 的单调性与极值.

解 函数的定义域为 $(-\infty, +\infty)$. $y' = x^3 - 3x^2 = x^2(x-3)$,令 $y' = 0$,得驻点 $x_1 = 0$,$x_2 = 3$. 列表如表 5-1 所示.

表 5-1

x	$(-\infty,0)$	0	$(0,3)$	3	$(3,+\infty)$
y'	$-$	0	$-$	0	$+$
y	↘		↘	极小	↗

由上表知,单调减区间为 $(-\infty,3)$,单调增区间为 $(3,+\infty)$,极小值 $y(3)=-\dfrac{27}{4}$.

求函数的极值也可以用二阶导数来判别,此例中 $y''=3x^2-6x$,$y''|_{x=0}=0$ 不能确定 $x=0$ 处是否取极值,$y''|_{x=3}=9>0$,得 $y(3)=-\dfrac{27}{4}$ 是极小值.

小结 用单调性来证明不等式,其方法是将不等式两边的解析式移到不等式的一边,再令此不等式的左边为函数 $f(x)$;利用导数判定 $f(x)$ 的单调性;最后利用已知条件与单调性,得到不等式.用二阶导数讨论函数在某点的极值不需列表也很方便,但它的使用范围有限,对 $f''(x)=0$,$f'(x)$ 及 $f''(x)$ 同时不存在的点不能使用.

4. 求函数的凹凸区间及拐点的方法

例 9 求函数 $y=\ln(1+x^2)$ 的凹凸区间及拐点.

解 函数的定义域为 $(-\infty,+\infty)$,

$$y'=\frac{2x}{1+x^2}, \quad y''=\frac{2(1+x^2)-2x\cdot 2x}{(1+x^2)^2}=\frac{2(1-x^2)}{(1+x^2)^2}$$

令 $y''=0$,得 $y=\pm 1$.

列表如表 5-2 所示.

表 5-2

x	$(-\infty,-1)$	-1	$(-1,1)$	1	$(1,+\infty)$
y''	$-$	0	$+$	0	$-$
y	∩	拐点	∪	拐点	∩

由此可知,上凹区间为 $(-1,1)$,下凹区间为 $(-\infty,-1)\cup(1,+\infty)$,曲线的拐点是 $(\pm 1,\ln 2)$.

小结 求函数的凹向与拐点只需用拐点的定义及凹向的判别定理即可,注意拐点也可在使 y'' 不存在的点取得.

5. 求函数的最大值与最小值的方法

例 10 求函数 $y=(2x-5)x^{\frac{2}{3}}$ 在区间 $[-1,2]$ 上的最大值与最小值.

解 函数在 $[-1,2]$ 上连续,由于 $y'=\dfrac{10(x-1)}{3x^{\frac{1}{3}}}$,令 $y'=0$,则 $x=1$,y' 在 $x=0$ 处不存在.故

$$y_{\max}=\max\{f(-1),f(2),f(0),f(1)\}=\max\{-7,-2^{\frac{2}{3}},0,-3\}=0$$

$$y_{\min}=\min\{-7,-2^{\frac{2}{3}},0,-3\}=-7$$

小结 函数的最大(小)值是整个区间上的最大(小)值,求最大(小)值的一般步骤为:

①求出 $f(x)$ 在 (a,b) 内的所有驻点及不可导点;
②求出函数在驻点、不可导点、区间端点处的函数值;
③比较这些值的大小,其中最大者即为函数的最大值,最小者即为函数的最小值.

例 11 一块边长为 a 的正方形薄片,从四角各截去一个小方块,然后折成一个无盖的方盒子,问截取的小方块的边长等于多少时,方盒子的容积最大?

解 设截取的小方块的边长为 $x(0<x<\dfrac{a}{2})$,则方盒子的容积为

$$v(x)=x(a-2x)^2=a^2x-4ax^2+4x^3$$
$$v'(x)=a^2-8ax+12x^2$$

令 $v'(x)=0$,得驻点 $x_1=\dfrac{a}{6}$,$x_2=\dfrac{a}{2}$ (不合题意,舍去). 由于在 $(0,\dfrac{a}{2})$ 内只有一个驻点,由实际意义可知,无盖方盒子的容积一定有最大值.因此,当 $x=\dfrac{a}{6}$ 时,$v(x)$ 取得最大值.

故当正方形薄片四角各截去一个边长是 $\dfrac{a}{6}$ 的小方块后,折成一个无盖方盒子的容积最大.

小结 求最优化问题,关键是在某个范围内建立目标函数 $f(x)$,若根据实际问题本身可以断定可导函数 $f(x)$ 一定存在最大值或最小值,而在所讨论的区间内部 $f(x)$ 有唯一的极值点,则该极值点一定是最值点.

6. 求曲线渐近线的的方法与函数图形的描绘

例 12 求下列曲线的渐近线:

(1) $y=\dfrac{\ln x}{x}$； (2) $y=\dfrac{x^2-2x+2}{x-1}$.

解 (1)所给函数的定义域为 $(0,+\infty)$.

由于 $\lim\limits_{x\to+\infty}\dfrac{\ln x}{x}=\lim\limits_{x\to+\infty}\dfrac{\dfrac{1}{x}}{1}=0$,可知 $y=0$ 为所给曲线 $y=\dfrac{\ln x}{x}$ 的水平渐近线.

由于 $\lim\limits_{x\to 0^+}\dfrac{\ln x}{x}=-\infty$,可知 $x=0$ 为曲线 $y=\dfrac{\ln x}{x}$ 的铅直渐近线.

(2)所给函数的定义域为 $(-\infty,1),(1,+\infty)$.

由于 $\lim\limits_{x\to 1^-}f(x)=\lim\limits_{x\to 1^-}\dfrac{x^2-2x+2}{x-1}=-\infty$, $\lim\limits_{x\to 1^+}f(x)=\lim\limits_{x\to 1^+}\dfrac{x^2-2x+2}{x-1}=+\infty$

可知 $x=1$ 为所给曲线的铅直渐近线(在 $x=1$ 的两侧 $f(x)$ 的趋向不同).

又 $\lim\limits_{x\to\infty}\dfrac{f(x)}{x}=\lim\limits_{x\to\infty}\dfrac{x^2-2x+2}{x(x-1)}=1=a$

$\lim\limits_{x\to\infty}[f(x)-ax]=\lim\limits_{x\to\infty}\left[\dfrac{x^2-2x+2}{x-1}-x\right]=\lim\limits_{x\to\infty}\dfrac{-x+2}{x-1}=-1=b$

所以 $y=x-1$ 是曲线的一条斜渐近线.

例 13 作出函数 $y=\dfrac{x^2}{(x+1)^2}$ 的图形.

解 函数的定义域为 $(-\infty,-1)\cup(-1,+\infty)$.

$$y' = \frac{2x(x+1)^2 - x^2 \times 2(x+1)}{(x+1)^4} = \frac{2x}{(x+1)^3}$$

$$y'' = \frac{2(x+1)^3 - 2x \times 3(x+1)^2}{(x+1)^6} = \frac{2-4x}{(x+1)^4}$$

令 $y'=0, y''=0$，解得 $x_1=0, x_2=\dfrac{1}{2}$.

列表如表 5-3 所示.

表 5-3

x	$(-\infty,-1)$	-1	$(-1,0)$	0	$\left(0,\dfrac{1}{2}\right)$	$\dfrac{1}{2}$	$\left(\dfrac{1}{2},+\infty\right)$
y'	$+$		$-$	0	$+$	$+$	$+$
y''	$+$		$+$	$+$	$+$	0	$-$
$f(x)$				极小		拐点	

由上表可知：极小值 $f(0)=1$，拐点为 $\left(\dfrac{1}{2},\dfrac{1}{9}\right)$.

(1) 渐近线.

$\lim\limits_{x\to\infty}y=\lim\limits_{x\to\infty}\dfrac{x^2}{(x+1)^2}=1$，所以 $y=1$ 是水平渐近线；

$\lim\limits_{x\to-1}y=\lim\limits_{x\to-1}\dfrac{x^2}{(1+x)^2}=+\infty$，所以 $x=-1$ 是铅直渐近线.

(2) 作图如图 5-1 所示.

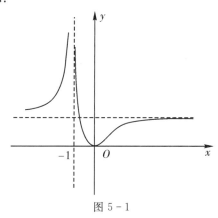

图 5-1

7. 多元函数的极值与最值的求法

例 14 求函数 $f(x,y)=xy(a-x-y)$ 的极值.

解 由 $\begin{cases} f_x=y(a-x-y)-xy=0 \\ f_y=x(a-x-y)-xy=0 \end{cases}$ 得驻点 $(0,0),(0,a),(a,0),\left(\dfrac{a}{3},\dfrac{a}{3}\right)$.

$A=f_{xx}=-2y, \quad B=f_{xy}=a-2x-2y, \quad C=f_{yy}=-2x$.

对四个驻点分别计算 $AC-B^2$，易知 $(0,0)$、$(0,a)$、$(a,0)$ 处都有 $AC-B^2<0$，故都不是极值点，而 $\left(\dfrac{a}{3},\dfrac{a}{3}\right)$ 处 $AC-B^2=\dfrac{a^2}{9}>0, A=-2y=-\dfrac{2}{3}a$，所以当 $a>0$ 时，函数在此点取得极

小值 $\frac{a^3}{27}$；当 $a<0$ 时，函数在此点取得极大值 $\frac{a^3}{27}$.

例 15 求函数 $z=\cos x+\cos y+\cos(x-y)$ 在闭区域 $D:0\leqslant x\leqslant \frac{\pi}{2}, 0\leqslant y\leqslant \frac{\pi}{2}$ 上的最大值和最小值.

解 (1)求 D 内的驻点.

由 $\begin{cases}\dfrac{\partial z}{\partial x}=-\sin x-\sin(x-y)=0\\ \dfrac{\partial z}{\partial y}=-\sin y+\sin(x-y)=0\end{cases}$ 得 $\sin x+\sin y=0$，无零点，故 D 内无驻点，函数的最值只能在边界上达到；

(2)求函数在边界上的最值.

当 $x=0, 0\leqslant y\leqslant\frac{\pi}{2}$ 时，$z=1+2\cos y$，$z(0,0)=3$，$z\left(0,\frac{\pi}{2}\right)=1$，同理可讨论另外三条边界，得 $z\left(\frac{\pi}{2},0\right)=z\left(\frac{\pi}{2},\frac{\pi}{2}\right)=1$.

函数的最大值 3 在 $(0,0)$ 处达到，最小值 1 在 $\left(0,\frac{\pi}{2}\right),\left(\frac{\pi}{2},0\right),\left(\frac{\pi}{2},\frac{\pi}{2}\right)$ 三点处达到.

注：求函数 $z=f(x,y)$ 在闭区域上的最值方法如下：

①求出函数在区域内的驻点和偏导数不存在点（极值可能点）；
②求出函数在区域边界上的最值；
③比较所得值的大小，最大者为最大值，最小者为最小值.

若是实际应用问题，在区域内部取得唯一驻点，则在该点的函数值即为所求最大（小）值，无需判断.

例 16 求 $z=xy$ 在条件 $x+y-1=0$ 下的极值.

解 作 $F=xy+\lambda(x+y-1)$，$\begin{cases}F'_x=y+\lambda=0\\ F'_y=x+\lambda=0\\ x+y-1=0\end{cases}\Rightarrow x=y=\frac{1}{2}\Rightarrow z\left(\frac{1}{2},\frac{1}{2}\right)=\frac{1}{4}$.

另法：$z=xy=x(1-x)$ 化为无条件极值，$\dfrac{\mathrm{d}z}{\mathrm{d}x}=1-2x=0\Rightarrow x=\frac{1}{2}$ 为驻点，$\dfrac{\mathrm{d}^2z}{\mathrm{d}x^2}=-2<0$，则 $x=\frac{1}{2}$ 为极大值点，极大值为 $z\left(\frac{1}{2}\right)=\frac{1}{4}$.

8.微分学在经济中的应用

例 17 已知某商品的成本函数为

$$c(Q)=100+\frac{1}{4}Q^2 \quad (Q \text{ 表示产量})$$

求：(1)当 $Q=10$ 时的平均成本及 Q 为多少时，平均成本最小？

(2)$Q=10$ 时的边际成本并解释其经济意义.

解 (1)由 $c(Q)=100+\frac{1}{4}Q^2$ 得平均成本函数为

$$\frac{c(Q)}{Q} = \frac{100 + \frac{1}{4}Q^2}{Q} = \frac{100}{Q} + \frac{1}{4}Q$$

当 $Q=10$ 时，$\frac{c(Q)}{Q}\Big|_{Q=10} = \frac{100}{10} + \frac{1}{4} \times 10 = 12.5$.

记 $\bar{c} = \frac{c(Q)}{Q}$，则 $\bar{c}' = -\frac{100}{Q^2} + \frac{1}{4}$，$\bar{c}'' = \frac{200}{Q^3}$.

令 $\bar{c}' = 0$，得：$Q = 20$. 而 $\bar{c}''(20) = \frac{200}{(20)^3} = \frac{1}{40} > 0$，所以当 $Q = 20$ 时，平均成本最小.

(2) 由 $c(Q) = 100 + \frac{1}{4}Q^2$ 得边际成本函数为

$$c'(Q) = \frac{1}{2}Q$$

$$c'(Q)\big|_{x=10} = \frac{1}{2} \times 10 = 5$$

则当产量 $Q = 10$ 时的边际成本为 5，其经济意义为当产量为 10 时，若再增加(减少)一个单位产品，总成本将近似地增加(减少) 5 个单位.

例 18 设某商品的需求函数为

$$Q = f(P) = 12 - \frac{1}{2}P$$

(1) 求需求弹性函数及 $P = 6$ 时的需求弹性，并给出经济解释.

(2) 当 P 取什么值时，总收益最大？最大总收益是多少？

解 (1) $\varepsilon_P = \frac{EQ}{EP} = \frac{P}{Q} \cdot \frac{\mathrm{d}Q}{\mathrm{d}P} = \frac{P}{12 - \frac{1}{2}} \times \left(-\frac{1}{2}\right) = -\frac{P}{24 - P}$

$$\varepsilon(6) = -\frac{6}{24 - 6} = -\frac{1}{3}$$

$$|\varepsilon(6)| = \frac{1}{3} < 1 \quad \text{低弹性}$$

经济意义为当价格 $P = 6$ 时，若增加 1%，则需求量下降 $\frac{1}{3}\%$，而总收益增加 ($\Delta R > 0$).

(2) $R = PQ = P\left(12 - \frac{1}{2}P\right)$, $R' = 12 - P$.

令 $R' = 0$，则 $P = 12$，$R(12) = 72$. 且当 $P = 12$ 时，$R'' < 0$，故当价格 $P = 12$ 时，总收益最大，最大总收益为 72.

例 19 某工厂生产某种产品，固定成本 2000 元，每生产一单位产品，成本增加 100 元. 已知总收益 R 为年产量 Q 的函数，且

$$R = R(Q) = \begin{cases} 400Q - \frac{1}{2}Q^2, & 0 \leqslant Q \leqslant 400 \\ 80000, & Q > 400 \end{cases}$$

问每年生产多少产品时，总利润最大？此时总利润是多少？

解 由题意知总成本函数为
$$c = c(Q) = 2000 + 100Q$$
从而可得利润函数为
$$L = L(Q) = R(Q) - c(Q) = \begin{cases} 300Q - \dfrac{1}{2}Q^2, & 0 \leqslant Q \leqslant 400 \\ 60000 - 100Q, & Q > 400 \end{cases}$$

令 $L'(Q) = 0$, 得 $Q = 300$, $L''(Q)|_{Q=300} = -1 < 0$.

所以 $Q = 300$ 时总利润最大,此时 $L(300) = 25000$,即当年产量为 300 个单位时,总利润最大,此时总利润为 25000 元.

5.4 习题

5.4.1 微分学在几何中的应用

(一)选择题

1. 曲线 $y = \tan x$ 在点 $\left(\dfrac{\pi}{3}, \sqrt{3}\right)$ 处的切线方程为(   ).

   (A) $y = 4\left(x - \dfrac{\pi}{3}\right) + \sqrt{3}$ (B) $y = 4\left(x - \dfrac{\pi}{3}\right) - \sqrt{3}$

   (C) $y = -\dfrac{1}{4}\left(x - \dfrac{\pi}{3}\right) + \sqrt{3}$ (D) $y = -\dfrac{1}{4}\left(x - \dfrac{\pi}{3}\right) - \sqrt{3}$

2. $y = x^3$ 在 $(1,1)$ 处的切线的斜率等于(   ).
   (A) 5   (B) 4   (C) 3   (D) 2

(二)计算题

1. 求曲线 $y = \cos x$ 在点 $\left(\dfrac{\pi}{3}, \dfrac{1}{2}\right)$ 处的切线方程和法线方程.

2. 曲线 $y = x^2 + 2x + 1$ 上哪一点的切线与直线 $y = 4x - 1$ 平行?求出曲线在该点处的切线方程和法线方程.

3. 求曲线 $\begin{cases} x = \sin t \\ y = \tan 2t \end{cases}$ 在 $t = \dfrac{\pi}{6}$ 处的切线方程和法线方程.

5.4.2 中值定理

(一)选择题

1. 在区间 $[-1,1]$ 上满足罗尔定理条件的函数是( ).
   (A) $f(x)=x^2-2x-1$ (B) $f(x)=|x|$
   (C) $f(x)=\dfrac{1}{x^2}$ (D) $f(x)=1-x^2$

2. 设函数 $f(x)$ 在区间 (a,b) 内可导，x_1、x_2 是 (a,b) 内任意两点且 $x_1<x_2$，则至少存在一点 ξ 使得下列等式成立的是( ).
   (A) $f(b)-f(a)=f'(\xi)(b-a),\xi\in(a,b)$
   (B) $f(b)-f(x_1)=f'(\xi)(b-x_1),\xi\in(x_1,b)$
   (C) $f(x_2)-f(x_1)=f'(\xi)(x_2-x_1),\xi\in(x_1,x_2)$
   (D) $f(x_2)-f(a)=f'(\xi)(x_2-a),\xi\in(a,x_2)$

3. 设 a、b 为方程 $f(x)=0$ 的两根，$f(x)$ 在 $[a,b]$ 上连续，(a,b) 内可导，则 $f'(x)$ 在 (a,b) 内( ).
   (A) 只有一实根 (B) 至少有一实根
   (C) 没有实根 (D) 至少有两个实根

4. 设 $y=f(x)$ 满足 $f'(x)<0$，$f''(x)<0$，又 $\Delta y=f(x_0+\Delta x)-f(x_0)$，$dy=f'(x_0)\Delta x$，则当 $\Delta x>0$ 时有( ).
   (A) $\Delta y>dy>0$ (B) $dy>\Delta y>0$
   (C) $\Delta y<dy<0$ (D) $dy<\Delta y<0$

(二)填空题

1. 设 $f(x)=x^3$ 在 $[0,1]$ 上的拉格朗日中值 $\xi=$ _____.

2. 对于 4 次多项式 $f(x)=(x-1)(x-2)(x-3)(x-4)$，方程 $f'(x)=0$ 有____个实根.

(三)证明题

1. 验证罗尔定理对函数 $y=\ln\sin x$ 在区间 $\left[\dfrac{\pi}{6},\dfrac{5\pi}{6}\right]$ 上的正确性.

2. 若方程 $a_0+\dfrac{a_1}{2}+\dfrac{a_2}{3}+\cdots+\dfrac{a_n}{n+1}=0$，用罗尔定理证明在开区间 $(0,1)$ 内方程 $a_0+a_1x+a_2x^2+\cdots+a_nx^n=0$ 至少有一个实根.

3.证明下列不等式.

(1) $\dfrac{1}{x+1} < \ln(1+x) - \ln x < \dfrac{1}{x}$;

(2) $e^x > 1 + x \ (x \neq 0)$.

5.4.3 洛必达法则

(一)计算题

1. $\lim\limits_{x \to 0} \dfrac{\sin x - x \cos x}{x(1 - \cos x)}$;

2. $\lim\limits_{x \to 1} \dfrac{x^m - 1}{x^n - 1}$;

3. $\lim\limits_{x \to 0} \left(\dfrac{1}{x} - \dfrac{1}{\sin x} \right)$;

4. $\lim\limits_{x \to 0} \dfrac{\tan x - \sin x}{x^3}$;

5. $\lim\limits_{x \to 0^+} \left(\dfrac{1}{x} \right)^{\tan x}$;

6. $\lim\limits_{x \to 0} x^2 e^{\frac{1}{x^2}}$;

7. $\lim\limits_{x \to \infty} x^2 \left(1 - x \sin \dfrac{1}{x} \right)$;

8. $\lim\limits_{x \to +\infty} \left(\dfrac{2}{\pi} \arctan x \right)^x$.

(二)证明题

1. 证明 $\lim\limits_{x \to +\infty} \dfrac{x^n}{e^{\lambda x}} = 0$,其中 $\lambda > 0, n \in \mathbf{N}^+$.

2.设函数 $f(x)$ 在 x_0 处有二阶导数,证明
$$\lim_{h \to 0}\frac{f(x_0+h)+f(x_0-h)-2f(x_0)}{h^2}=f''(x_0)$$

5.4.4　一元函数的单调性与凹凸性

(一)选择题

1.若在区间 $[0,1]$ 上 $f''(x)>0$,则 $f'(0), f'(1), f(1)-f(0)$ 的大小顺序是(　　).
　(A) $f'(1)>f'(0)>f(1)-f(0)$　　　　(B) $f'(1)>f(1)-f(0)>f'(0)$
　(C) $f(1)-f(0)>f'(1)>f'(0)$　　　　(D) $f(1)-f(0)>f'(0)>f'(1)$

2.函数 $y=x\mathrm{e}^{-x}$ 的拐点是(　　).
　(A) $(0,1)$　　　(B) $(0,0)$　　　(C) $(-2,2\mathrm{e}^{-2})$　　　(D) $(2,2\mathrm{e}^{-2})$

3.函数 $f(x)=x-\arctan x$ 的单调递增区间为(　　).
　(A) $(-\infty,+\infty)$　　(B) $(-\infty,0)$　　(C) $(0,+\infty)$　　(D) $(-\infty,1)$

4. $a、b$ 为何值时,点 $(1,3)$ 为曲线 $y=ax^3+bx^2$ 的拐点(　　).
　(A) $a=\dfrac{3}{2}, b=\dfrac{9}{2}$　　　　　　(B) $a=-\dfrac{3}{2}, b=\dfrac{9}{2}$
　(C) $a=-\dfrac{3}{2}, b=-\dfrac{9}{2}$　　　　(D) $a=\dfrac{3}{2}, b=-\dfrac{9}{2}$

(二)计算题

1.确定下列函数的单调区间.
　(1) $y=2x^3-9x^2+12x-3$;　　　　(2) $y=\dfrac{x}{1+x^2}$.

2.求下列函数的凹凸区间及拐点.
　(1) $y=\dfrac{1}{x}+\ln x$;　　　　(2) $y=(1+x)^4+\mathrm{e}^x$.

(三)证明题.

1. 证明 $1+x\ln(x+\sqrt{1+x^2}) > \sqrt{1+x^2}$ $(x>0)$.

2. 证明 $\sin x + \tan x > 2x$ $\left(0 < x < \dfrac{\pi}{2}\right)$.

3. 证明方程 $6x^5 + 4x^3 + 2x - 3 = 0$ 有且仅有一个正实根.

5.4.5 一元函数的极值与最值

(一)选择题

1. 对可导函数 $f(x)$ 而言,x_0 为 $f(x)$ 的驻点是 x_0 为 $f(x)$ 的极值点的(　　)条件.
   (A)充分条件　　　(B)必要条件　　　(C)充要条件　　　(D)无关条件

2. 已知函数 $y=f(x)$ 对一切 x 满足 $xf''(x)+x^2f'(x)=e^x-1$,若 $f'(x_0)=0(x_0 \neq 0)$,则(　　).
   (A)$f(x_0)$ 是 $f(x)$ 的极大值
   (B)$f(x_0)$ 是 $f(x)$ 的极小值
   (C)$f(x_0)$ 不是 $f(x)$ 的极值
   (D)不能判断 $f(x_0)$ 是否是 $f(x)$ 的极值

3. $x=0$ 是函数 $y=x-\ln(1+x)$ 的(　　).
   (A)极大值点　　　(B)极小值点　　　(C)非极值点　　　(D)无法确定

(二)计算题

1. 求下列函数的极值.
   (1) $y=2x^3-6x^2-18x+7$;
   (2) $y=2e^x+e^{-x}$.

2.试问:a 取何值时,函数 $f(x)=a\sin x+\dfrac{1}{3}\sin 3x$ 在 $x=\dfrac{\pi}{3}$ 处取得极值? 是极大值还是极小值? 并求此极值.

3.求下列函数在指定区间上的最值:

(1) $y=x+\sqrt{1-x}$, $x\in[-5,1]$;
(2) $y=x-\sin x$, $x\in\left[-\dfrac{\pi}{2},\pi\right]$.

(三)应用题

欲制造一个容积为 V 的圆柱形有盖容器,如何设计可使材料最省?

5.4.6 一元函数图形的描绘

(一)求下列曲线的渐近线

1. $y=\dfrac{\ln x}{x}$;
2. $y=\dfrac{x^2-2x+2}{x-1}$;

3. $y=\dfrac{x+4\sin x}{5x-2\cos x}$;
4. $y=\dfrac{x^2}{2x+1}$.

(二)描绘下列函数的图形

1. $y = \dfrac{x^2}{(x+1)^2}$;

2. $f(x) = x^3 - 3x + 1$.

5.4.7 多元函数的极值与最值

(一)选择题

1. $z = f(x,y)$ 在 M 点成立,则 $\left.\dfrac{\partial f}{\partial x}\right|_M = 0$ 且 $\left.\dfrac{\partial f}{\partial y}\right|_M = 0$ 是 M 点为 $z = f(x,y)$ 的极值点的( ).

   (A)充分条件   (B)必要条件   (C)充要条件   (D)无关条件

2. 已知 $f(x,y) \in C^{(2)}$, $f_x = 2x - y - 2$, $f_y = 2y - x + 1$, $f_{xx} = 2$, $f_{yy} = 2$, $f_{xy} = -1$, 则 $(1,0)$ 是 $f(x,y)$ 的( ).

   (A)极大值点   (B)极小值点   (C)非极值点   (D)零点

3. $f(x,y) = 4(x-y) - x^2 - y^2$ 在 $(2,-2)$ 处取得( ).

   (A)极大值   (B)极小值   (C)非极值   (D)零点

(二)计算题

1. 求 $f(x,y) = \dfrac{x^2}{2p} + \dfrac{y^2}{2q}$ ($p > 0, q > 0$) 的极值.

2. 求 $f(x,y) = x^2 - xy + y^2 - 2x + y$ 的极值.

3. 求 $z = x^2 + 2xy - 4x + 8y$ 在区域 $0 \leqslant x \leqslant 1, 0 \leqslant y \leqslant 2$ 上的最值.

4.设长方体三边的长度之和为定数 a,问三边各取什么值时,所设的长方体体积最大?

5.求 $z=xy$ 在条件 $x+y-1=0$ 下的极值.

5.4.8 微分学在经济中的简单应用

(一)计算题

1.设某产品的价格与销售量的关系为 $p=10-\dfrac{Q}{5}$.
(1)求当需求量为 20 及 30 时的总收益 R、平均收益 $\overline{R}$ 及边际收益 R'.
(2)当 Q 为多少时,总收益最大?

2.设某商品的需求量 Q 对价格 p 的函数为 $Q=50000\mathrm{e}^{-2p}$.
(1)求需求弹性;
(2)当商品的价格 $p=10$ 元时,再增加 1%,求商品需求量的变化情况.

3.已知某企业某种产品的需求弹性在 1.3 ~ 2.1 之间,如果该企业准备明年将价格降低 10%,问这种商品的销售量预期会增加多少? 总收入会增加多少?

4.某食品加工厂生产某类食品的成本 $C(元)$ 是日产量 $x(千克)$ 的函数,$C(x)=1600+4.5x+0.01x^2$.问该产品每天生产多少千克时,才能使平均成本达到最小值?

5.某化肥厂生产某类化肥,其总成本函数为 $C(x)=1000+60x-0.3x^2+0.001x^3$(元),销售该产品的需求函数为 $x=800-\dfrac{20}{3}p$(吨),问销售量为多少时,可获最大利润,此时的价格为多少?

6.某商店每年销售某种商品 a 件,每次购进的手续费为 b 元,而每年库存费为 c 元,在该商品均匀销售的情况下(此时商品的平均库存数为批量的一半),问商店分几批购进此种商品,方能使手续费及库存费之和最少?

5.4.9 综合练习

(一)证明题

1.证明 $4ax^3+3bx^2+2cx=a+b+c$ 在区间 $[0,1]$ 内至少有一个实根.

2.证明恒等式 $\arctan x+\operatorname{arccot} x=\dfrac{\pi}{2}$.

3.证明:(1) $|\arctan x-\arctan y|\leqslant|x-y|$;(2) $\dfrac{x}{1+x}<\ln(1+x)<x$ $(x>0)$.

4.若函数 $f(x)$ 在 (a,b) 内具有二阶导数,且 $f(x_1)=f(x_2)=f(x_3)$,其中 $a<x_1<x_2<b$,证明:在 (x_1,x_3) 内至少有一点 ξ,使 $f''(\xi)=0$.

5.证明:方程 $x^3+2x-2=0$ 只有一个正根.

(二)计算题

1.求下列极限.

(1) $\lim\limits_{x\to 1}\dfrac{\ln x^2}{x-1}$;

(2) $\lim\limits_{x\to \frac{\pi}{2}}\dfrac{\tan 3x}{\tan x}$;

(3) $\lim\limits_{x\to +\infty}\dfrac{\ln(x+1)}{\operatorname{arccot} x}$;

(4) $\lim\limits_{x\to 1}\left(\dfrac{x}{x-1}-\dfrac{1}{\ln x}\right)$;

(5) $\lim\limits_{x\to 0}\dfrac{e^{-\frac{1}{x^2}}}{x^{100}}$;

(6) $\lim\limits_{x\to 0}x^{\sin x}$;

(7) $\lim\limits_{x\to 0}\dfrac{e^x+\sin x-1}{\ln(x+1)}$;

(8) $\lim\limits_{x\to 0}\left(\dfrac{1}{x}\right)^{\tan x}$;

(9) $\lim\limits_{x\to 0}\dfrac{x-\arcsin x}{\sin^3 x}$.

2. 求下列函数的单调区间,如果有极值,试求极值点的极值.

(1) $y=\arctan x-x$;   (2) $y=3x-x^3$;

(3) $y=x-e^x$;   (4) $y=x^2 e^{-x}$.

3. 求下列函数的最大值和最小值.

(1) $y=x+\sqrt{1-x}\ (-5\leqslant x\leqslant 1)$;   (2) $y=x^2 e^{-x}\ (-1\leqslant x\leqslant 3)$.

4. 求下列函数图形的拐点以及凹或凸的区间.

(1) $y=x^2 e^{-x}$;   (2) $y=\ln(1+x^2)$.

5. 求下列曲线的渐近线.

(1) $y=\dfrac{(x+1)^3}{(x-1)^2}$;   (2) $y=\dfrac{1+e^{-x^2}}{1-e^{-x^2}}$.

6.作出下列函数的图形.

(1) $y = \dfrac{x}{1+x^2}$; (2) $y = (x+1)x^{\frac{2}{3}}$.

7.求函数 $f(x,y) = x^3 - y^3 + 3x^2 + 3y^2 - 9x$ 的极值.

(三)应用题

1.欲建造一容积为 18 m³ 的无盖长方形水池,已知侧面积的单位造价为底面积单位造价的 $\dfrac{3}{4}$.问水池尺寸如何,才能使价格最省?

2.设两种产品的需求函数是 $p = 12 - 2x, q = 20 - y$,其中 p,q 分别为两种产品的单价,千元;x、y 分别为两种产品的销售量,千克.设总成本函数为
$$C_0 = x^2 + 2xy + 2y^2$$
试求收益函数和利润函数,并求极大利润时价格和销售量以及极大利润是多少?

3.某厂生产某种商品 x 台的费用为 $C(x) = 5x + 200$(万元),得到的收益为 $R(x) = 10x - 0.01x^2$(万元),问每批生产多少台,才能使利润最大?

4.某商品的总成本函数为为 $C = 1000 + 3D$,需求函数 $D = -100p + 1000$,其中 p 为该商品的价格,求能使利润最大的 p 值.

第6章 定积分及其应用

6.1 主要内容

定积分及不定积分的基本概念与性质;微积分基本定理(牛顿莱布尼茨公式);定积分及不定积分的积分方法;反常积分;定积分的应用.

6.2 学法建议

(1)理解原函数与不定积分的概念,掌握不定积分的基本性质和基本积分公式,掌握不定积分的换元积分法与分部积分法.

(2)了解定积分的概念和基本性质,了解定积分中值定理,理解积分上限的函数并会求它的导数,掌握牛顿-莱布尼茨公式以及定积分的换元积分法和分部积分法.

(3)了解反常积分的概念,会计算反常积分.

(4)会利用定积分计算平面图形的面积、旋转体的体积和简单的经济应用问题.

6.3 疑难解析

1.函数 $f(x)$ 的原函数存在应满足什么条件?

答:如果函数 $f(x)$ 在某区间上连续,则在该区间上函数 $f(x)$ 的原函数存在.但是,要注意的是,很多在指定区间上连续的函数,虽然存在原函数,但它们的原函数不能用初等函数表示.例如,e^{-x^2} 是处处连续的函数,其原函数必定存在,但是 $\int e^{-x^2} dx$ 不是初等函数.

2.利用换元积分与分部积分法的关键.

(1)第一换元积分即"凑"微分法,实质上是复合函数求导的逆运算.要通过观察,对被积函数 $f(x)$ 适当地进行拆分,其中一部分表示为 $\varphi'(x)$,使它与 dx 凑成为 $d\varphi(x)$;而其余部分能表示成 $\varphi(x)$ 的函数 $g(\varphi(x))$,即

$$\int g(\varphi(x))\varphi(x)dx = \int g(\varphi(x))\varphi'(x)dx = \int g(\varphi(x))d\varphi(x).$$

有时候也要根据被积函数的特点,经过两次或者多次凑微分,才能求出原函数.

(2)第二换元积分法,首先要辨别出被积函数的结构形式,依据被积函数的形式常用的有:三角代换、倒代换、根式代换、万能代换等,需要注意的是积分后必须代回原来的变量.

(3)分部积分法,首先要将被积函数 $f(x)$ 写成 $u(x)dv(x)$ 的形式,然后用分部积分公式

$$\int f(x)\mathrm{d}x = \int u(x)v'(x)\mathrm{d}x = \int u(x)\mathrm{d}v(x) = u(x)v(x) - \int v(x)\mathrm{d}u(x)$$ 进行计算,这里对于 $u(x)$ 的选择非常重要,常见的有四种形式:

① 当被积函数 $f(x)$ 是幂函数与指数函数或正(余)弦函数相乘时,则应选择幂函数为 $u(x)$,其余部分为 $v'(x)$;

② 当被积函数 $f(x)$ 是幂函数与对数函数或反三角函数相乘时,则应选对数和反三角函数为 $u(x)$,其余部分为 $v'(x)$;

③ 当被积函数 $f(x)$ 是指数函数与正(余)弦函数相乘时,则指数函数或正(余)弦函数都可选做 $u(x)$,但需要连续用几次分部积分,而且第二次分部积分时 $u(x)$ 选择的函数类型必须与第一次相同,否则两次积分就会还原成原来的不定积分.例如

$$\int e^x \cos x \mathrm{d}x \xrightarrow{第一次选 u(x)=\cos x} e^x \cos x - \int e^x \sin x \mathrm{d}x$$
$$\xrightarrow{第二次应仍选 u(x)=\sin x} e^x \cos x + e^x \sin x - \int e^x \cos x \mathrm{d}x$$

3. 利用换元法求定积分时,应注意哪些问题?

(1) 当利用第一换元积分法求原函数时,若新的积分变量不出现,则积分上下限不必替换.

(2) 当利用第二换元求原函数时,在换元的同时要相应的变换积分的上下限,即"换元必换限".

例如:计算 $\int_0^{\frac{\pi}{\omega}} \sin^2(\omega t + \varphi)\mathrm{d}t$.

错误解法:原式 $= \frac{1}{\omega} \int_0^{\frac{\pi}{\omega}} \frac{1-\cos 2(\omega t + \varphi)}{2} \mathrm{d}(\omega t + \varphi)$

$$= \frac{1}{\omega} \int_0^{\frac{\pi}{\omega}} \frac{1-\cos 2u}{2} \mathrm{d}u$$
$$= \frac{1}{\omega} \left(\frac{1}{2}u - \frac{1}{4}\sin 2u \right) \Big|_0^{\frac{\pi}{\omega}}$$
$$= \frac{1}{\omega} \left(\frac{\pi}{2\omega} - \frac{1}{4}\sin \frac{2\pi}{\omega} \right)$$

分析:上述计算过程中第一个等号是成立的,但是第二个等号不成立,因为此时积分已经过变量代换 $\omega t + \varphi = u$,所以积分上下限要做相应改变,而上述计算未作改变,从而导致了错误.

正确解法:原式 $= \frac{1}{\omega} \int_0^{\frac{\pi}{\omega}} \sin \frac{1-\cos 2(\omega t + \varphi)}{2} \mathrm{d}(\omega t + \varphi)$.

令 $\omega t + \varphi = u$,所以积分上限变为 $\pi + \varphi$,下限变为 φ,则

$$上式 = \frac{1}{\omega} \int_\varphi^{\pi+\varphi} \frac{1-\cos 2u}{2} \mathrm{d}u$$
$$= \frac{1}{\omega} \left(\frac{1}{2}u - \frac{1}{4}\sin 2u \right) \Big|_\varphi^{\pi+\varphi}$$
$$= \frac{\pi}{2\omega}$$

4. 能否利用被积函数 $f(x)$ 的奇偶性求形如 $\int_{-\infty}^{+\infty} f(x)\mathrm{d}x$ 的反常积分?

答:不能.定积分中关于奇偶函数的积分计算公式不能推广到无穷限的反常积分中来.一

一般而言，当 $f(x)$ 为偶函数时，$\int_{-\infty}^{+\infty} f(x)dx = 2\int_{0}^{+\infty} f(x)dx$ 不成立，但当此式右端的反常积分收敛时，式子是成立的．同理，当 $f(x)$ 为奇函数，且 $\int_{0}^{+\infty} f(x)dx$ 收敛时，有 $\int_{-\infty}^{+\infty} f(x)dx = 0$.

5.在计算瑕积分时，一定要注意瑕点．

例如：计算广义积分 $\int_{-1}^{1} \frac{dx}{x^2}$.

错误解法：原式 $= -\frac{1}{x}\Big|_{-1}^{1} = 2$.

分析，此积分是无穷限的广义积分（瑕积分），其中 0 是瑕点．

正确解法：原式 $= \int_{-1}^{0} \frac{dx}{x^2} + \int_{0}^{1} \frac{dx}{x^2}$

$$= \lim_{\varepsilon \to 0^+} \int_{-1}^{0-\varepsilon} \frac{dx}{x^2} + \lim_{\varepsilon \to 0^+} \int_{0+\varepsilon}^{1} \frac{dx}{x^2}$$

$$= \lim_{\varepsilon \to 0^+} \left(\frac{1}{\varepsilon} - 1\right) + \lim_{\varepsilon \to 0^+} \left(-1 + \frac{1}{\varepsilon}\right)$$

$$= +\infty$$

所以此广义积分是发散的．

6.4　习题

6.4.1　定积分的概念与性质

(一)选择题

1.函数 $f(x)$ 在闭区间 $[a,b]$ 上连续是定积分 $\int_a^b f(x)dx$ 存在的（　　）.

(A)充分条件　　　　(B)必要条件　　　　(C)充要条件　　　　(D)无关条件

2.设 $f(x) = e^{-x}$，则 $\int \frac{f'(\ln x)}{x}dx = (\quad)$.

(A)$-\frac{1}{x} + c$　　　(B)$\frac{1}{x} + c$　　　(C)$-\ln x + c$　　　(D)$\ln x + c$

3.下列式子正确的是（　　）.

(A)$\int_1^e \ln x \, dx \leqslant \int_1^e \ln^2 x \, dx$　　　(B)$\int_1^2 e^x dx \leqslant \int_1^2 e^{2x} dx$

(C)$\int_1^0 x^3 dx \geqslant \int_0^1 x \, dx$　　　(D)$\int_0^1 x^2 dx \geqslant \int_0^1 x \, dx$

4.下列各式中，（　　）是错误的．

(A)$\left(\int_a^b f(x)dx\right)' = 0$　　　(B)$\left(\int f(x)dx\right)' = f(x)$

(C)$\int f'(x)dx = f(x)$　　　(D)$\int_a^b f'(x)dx = f(b) - f(a)$

(二)填空题

1.利用定积分的几何意义求出下列积分：

(1) $\int_{-1}^{2} |x| \mathrm{d}x = $ ＿＿＿＿＿＿＿；

(2) $\int_{-\pi}^{\pi} \sin x \mathrm{d}x = $ ＿＿＿＿＿＿＿；

(3) $\int_{0}^{a} \sqrt{a^2 - x^2} \mathrm{d}x = $ ＿＿＿＿＿＿＿．

2.利用定积分的性质，比较下列各组中积分大小：

(1) $\int_{1}^{2} x \mathrm{d}x$ ＿＿＿＿＿＿＿ $\int_{0}^{1} x^2 \mathrm{d}x$；

(2) $\int_{0}^{1} x \mathrm{d}x$ ＿＿＿＿＿＿＿ $\int_{0}^{1} \ln(1+x) \mathrm{d}x$；

(3) $\int_{0}^{\frac{\pi}{2}} \sqrt[3]{1+x^2} \mathrm{d}x$ ＿＿＿＿＿＿＿ $\int_{0}^{\frac{\pi}{2}} \sqrt[3]{1+\sin^2 x} \mathrm{d}x$；

(4) $\int_{0}^{1} \mathrm{e}^x \mathrm{d}x$ ＿＿＿＿＿＿＿ $\int_{0}^{1} (1+x) \mathrm{d}x$．

3.利用估值定理填写下列各题：

(1) ＿＿＿＿＿＿＿ $\leqslant \int_{1}^{2} (1+x^2) \mathrm{d}x \leqslant$ ＿＿＿＿＿＿＿；

(2) ＿＿＿＿＿＿＿ $\leqslant \int_{\frac{\pi}{4}}^{\frac{\pi}{2}} (1+\sin^2 x) \mathrm{d}x \leqslant$ ＿＿＿＿＿＿＿；

(3) ＿＿＿＿＿＿＿ $\leqslant \int_{\frac{1}{\sqrt{3}}}^{\sqrt{3}} x \arctan x \mathrm{d}x \leqslant$ ＿＿＿＿＿＿＿．

(4) ＿＿＿＿＿＿＿ $\int_{0}^{\pi} (1+\sin x) \mathrm{d}x$ ＿＿＿＿＿＿＿

(三)计算题

1. $\lim\limits_{n \to \infty} \int_{n}^{n+1} \dfrac{\cos x}{x} \mathrm{d}x$；

2. $\lim\limits_{n \to \infty} \int_{0}^{1} \dfrac{x^n}{1+x} \mathrm{d}x$．

(四)证明题

1.设 $f(x)$ 在闭区间 $[a,b]$ 上连续，若 $f(x) \geqslant 0, x \in [a,b]$，且 $\int_{a}^{b} f(x) \mathrm{d}x = 0$．证明：$f(x) \equiv 0, x \in [a,b]$．

2. 证明不等式 $2e^{-\frac{1}{4}} \leqslant \int_0^2 e^{x^2-x} dx \leqslant 2e^2$.

6.4.2 微积分基本定理

(一)选择题

1. 函数 $f(x)$ 在闭区间 $[a,b]$ 上连续是 $f(x)$ 在 $[a,b]$ 上存在原函数的( ).
   (A)必要条件 (B)充分条件 (C)充要条件 (D)无关条件

2. 设 $F(x) = \int_a^x xf(t)dt$，其中 $f(x)$ 连续，则 $F'(x) = ($).
   (A) $xf(x)$ (B) $(x-a)f(x)$
   (C) $xf(x) - af(a)$ (D) $xf(x) + \int_a^x f(t)dt$

3. 设函数 $f(x)$ 是连续函数，且有原函数 $F(x)$，则必有( ).
   (A) $\int_a^x f(x)dx = F(x)$ (B) $\left(\int_a^x F'(t)dt\right)' = f(x)$
   (C) $\left(\int_a^x F(t)dt\right)' = f(x)$ (D) $\int_a^b F'(t)dt = f(b) - f(a)$

4. 设 $f(x)$ 为连续函数，则 $\int_a^x f(t)dt$ 是( )
   (A) $f(x)$ 的一个原函数 (B) $f'(x)$ 的一个原函数
   (C) $f(x)$ 的所有原函数 (D) $f'(x)$ 的所有原函数

(二)填空题

1. $\dfrac{d}{dx} \int_0^1 e^x \sin x\, dx$ _____ ; $\dfrac{d}{dx} \int_a^x e^t \sin t\, dt = $ _____.

2. 若 $f(x)$ 为连续函数，且满足 $\int_0^{x^2-1} f(t)dt = x^3$，$f(3) = $ _____.

3. $\lim\limits_{x \to 0} \dfrac{\int_0^x \sin t^2 dt}{x^3} = $ _____.

(三)计算题

1. $\int_0^\pi \sqrt{\sin x - \sin^3 x}\, dx$;

2. $\int_0^4 |3x - 6|\, dx$;

3. $\lim\limits_{x\to 1}\dfrac{\int_1^x e^{t^2}\,dt}{\ln x}$;

(4) $\lim\limits_{x\to 0}\dfrac{\int_{\cos x}^1 e^{-t^2}\,dt}{x^2}$;

5. $\int_1^2 x\left(\sqrt{x}+\dfrac{1}{x^2}\right)dx$;

6. $\int_{\frac{1}{2}}^{-\frac{1}{2}}\dfrac{dx}{\sqrt{1-x^2}}$;

7. $\int_0^1 \dfrac{x^4}{1+x^2}\,dx$;

8. $\int_0^1 2^x e^x\,dx$;

9. $\int_0^2 |1-x|\,dx$;

10. $\int_{-1}^1 e^{|x|}\,dx$.

11. 设 $f(x)=\begin{cases} x, & x\leqslant 2 \\ e^x, & x>2 \end{cases}$, 求 $\int_0^4 f(x)\,dx$.

(四)证明题

设 $f\in C[a,b]$, 且 $f(x)>0, x\in[a,b]$, $F(x)=\int_a^x f(t)\,dt+\int_b^x \dfrac{1}{f(t)}\,dt, x\in[a,b]$.

证明 (1) $F'(x)\geqslant 2$；

(2) 方程 $F(x)=0$ 在区间 (a,b) 内有且仅有一个根.

6.4.3 不定积分的概念与性质

(一)选择题

1. 下列等式中,正确的是( ).

   (A) $d\int f(x)dx = f(x)+C$ 　　(B) $\dfrac{d}{dx}\int f(x)dx = f(x)dx$

   (C) $\dfrac{d}{dx}\int f(x)dx = f(x)+C$ 　　(D) $d\int f(x)dx = f(x)dx$

2. 设 $f(x)$ 在闭区间 $[a,b]$ 上有一个原函数 0,则在 $[a,b]$ 上 ( ).

   (A) $f(x)\equiv 0$ 　　(B) $f(x)$ 的所有原函数为 0

   (C) $f(x)\neq 0$,但 $f'(x)\equiv 0$ 　　(D) $f(x)$ 的不定积分为 0

3. $f(x)$ 的一个原函数是 $\tan x$,则 $f(x)=($).

   (A) $-\sec^2 x$　　(B) $\sec^2 x$　　(C) $1+\cos x$　　(D) $1-\cos x$

(二)填空题

1. $\dfrac{d}{dx}\int \dfrac{\sin x}{x}dx = $ _____.

2. 设 $F_1(x), F_2(x)$ 是 $f(x)$ 的两个不同的原函数,且 $f(x)\neq 0$,则有 $F_1(x)-F_2(x)=$ _____.

3. $\int f(x)dx = 2e^{-\frac{1}{2}x}+C$,则 $f(x)=$ _____.

4. $\int \left(\sqrt[3]{x}-\dfrac{1}{\sqrt{x}}\right)dx = $ _____.

5. $\int 2^x e^x dx = $ _____.

6. $\int \cos^2 \dfrac{x}{2}dx = $ _____.

7. $\int \dfrac{\cos 2x}{\cos^2 x \sin^2 x}dx = $ _____.

8. 过点 $\left(\dfrac{\pi}{6},1\right)$ 的积分曲线 $y=\int \sin x dx$ 的方程是 _____.

(三)计算下列不定积分

1. $\int \dfrac{1}{1+\cos 2x}dx$;

2. $\int \left(\dfrac{3}{1+x^2}-\dfrac{2}{\sqrt{1-x^2}}\right)dx$;

3. $\int \dfrac{2\times 3^x - 5\times 2^x}{3^x}\,dx$;

4. $\int \sqrt{x\sqrt{x\sqrt{x}}}\,dx$;

5. $\int \dfrac{x^3-27}{x-3}\,dx$;

6. $\int \dfrac{e^{2x}-1}{e^x-1}\,dx$;

7. $\int \cos^2 \dfrac{x}{2}\,dx$;

8. $\int \dfrac{2-x^4}{1+x^2}\,dx$;

9. $\int \left(\sqrt{x}-\dfrac{1}{\sqrt{x}}\right)^2 dx$;

10. $\int \left(\pi^x e^x - \dfrac{1}{2x}\right)dx$.

11. 设 $\int x f(x)\,dx = \arctan x + c$,求 $\int \dfrac{1}{f(x)}\,dx$.

(四)应用题

1.一曲线通过点 $(\sqrt{2},3)$,且其上任一点处的切线的斜率等于该点的横坐标的 3 倍,求该曲线方程.

2. 设生产某产品 x 单位的总成本 C 是 x 的函数 $C(x)$，固定成本即 $C(0)$ 为 20 元，边际成本为 $C'(x)=2x+10$(元/单位)，求总成本函数 $C(x)$.

6.4.4 不定积分的积分方法

(一)选择题

1. 函数 $\cos\left(\dfrac{\pi}{2}x\right)$ 的一个原函数是( ).

  (A) $\dfrac{2}{\pi}\sin\left(\dfrac{\pi}{2}x\right)$ (B) $\dfrac{\pi}{2}\sin\left(\dfrac{\pi}{2}x\right)$

  (C) $-\dfrac{2}{\pi}\sin\left(\dfrac{\pi}{2}x\right)$ (D) $-\dfrac{\pi}{2}\sin\left(\dfrac{\pi}{2}x\right)$

2. 设 e^{-x} 是 $f(x)$ 的一个原函数，则 $\int xf(x)\mathrm{d}x=($).

  (A) $e^{-x}(1-x)+C$ (B) $e^{-x}(1+x)+C$
  (C) $e^{-x}(x-1)+C$ (D) $-e^{-x}(x+1)+C$

3. $\int f(x)\mathrm{d}x=F(x)+C$，则 $\int e^{-x}f(e^{-x})\mathrm{d}x=($).

  (A) $F(e^x)+C$ (B) $F(e^{-x})+C$
  (C) $-F(e^x)+C$ (D) $-F(e^{-x})+C$

4. $\int \dfrac{\arcsin x-1}{\sqrt{1-x^2}}\mathrm{d}x=($).

  (A) $\dfrac{1}{2}(\arcsin x)^2+\arcsin x+C$ (B) $\dfrac{1}{2}(\arcsin x)^2-\arcsin x+C$

  (C) $\dfrac{1}{2}(\arcsin x-1)^2+C$ (D) $2(\arcsin x-1)^2+C$

(二)填空题

1. $\int \dfrac{1}{x\ln x}\mathrm{d}x=$ _____ .   2. $\int (\tan x \cdot \sec x-\sin x)\mathrm{d}x=$ _____ .

3. $\int \cos^3 x\,\mathrm{d}x=$ _____ .   4. $\int \dfrac{1+\cos x}{x+\sin x}\mathrm{d}x=$ _____ .

5. $\int \ln x\,\mathrm{d}x=$ _____ .   6. $\int \dfrac{1}{\sqrt{(x^2+1)^3}}\mathrm{d}x=$ _____ .

7. 若 $f(x)$ 的有一个原函数 $\arcsin x$，则 $\int xf(x)\mathrm{d}x=$ _____ .

8. $\int \dfrac{1}{x^3} e^{-\frac{1}{x}} dx =$ _____.

(三) 计算题(换元积分)

1. $\int x e^{-2x^2} dx$;

2. $\int \dfrac{\ln x - 1}{x^2} dx$;

3. $\int \dfrac{1-x}{\sqrt{9-4x^2}} dx$;

4. $\int \tan^3 x \sec x \, dx$;

5. $\int x \arctan x \, dx$;

6. $\int \dfrac{1}{x^2 + x + 1} dx$;

7. $\int \arcsin x \, dx$;

8. $\int x^2 \sin x \, dx$;

9. $\int e^{-x} \sin x \, dx$;

10. $\int \dfrac{1}{x^2} \cos \dfrac{1}{x} dx$;

11. $\int \cos^3 3t \, dt$;

12. $\int \dfrac{1+\cos x}{x + \sin x} dx$;

13. $\int \dfrac{\mathrm{d}x}{x\ln x\ln\ln x}$;

14. $\int \dfrac{\mathrm{d}x}{(\sin x\cos x)^2}$;

15. $\int \dfrac{\mathrm{d}x}{\mathrm{e}^x+\mathrm{e}^{-x}}$;

16. $\int \dfrac{1}{1+\mathrm{e}^x}\mathrm{d}x$;

17. $\int \dfrac{\mathrm{d}x}{x(x^6+4)}$;

18. $\int \sqrt{\dfrac{a+x}{a-x}}\,\mathrm{d}x$;

19. $\int \dfrac{1}{x(x^5+1)}\mathrm{d}x$;

20. $\int \dfrac{1}{1+\sqrt{2x}}\mathrm{d}x$;

21. $\int \dfrac{\mathrm{d}x}{x\sqrt{1-x^2}}$;

22. $\int \dfrac{\mathrm{d}x}{\sqrt{4x^2+9}}$;

23. $\int \dfrac{x^2}{\sqrt{a^2-x^2}}\mathrm{d}x$;

24. $\int \dfrac{\mathrm{d}x}{x^2+2x+2}$;

25. $\int x\cos x\,\mathrm{d}x$;

26. $\int x^2\ln x\,\mathrm{d}x$;

27. $\int x^2 e^x dx$;

28. $\int \ln x\, dx$;

29. $\int x^2 \arctan x\, dx$;

30. $\int \arctan x\, dx$;

31. $\int \cos\sqrt{x}\, dx$;

32. $\int e^x \cos x\, dx$.

33. $f(x)$ 的一个原函数是 $\ln x$，求 $\int x f'(x) dx$.

6.4.5 定积分的积分方法

(一) 选择题

1. 设函数 $F(x) = \int_{x}^{x+2\pi} e^{\sin t} \sin t\, dt$，则 $F(x)$ (   ).

　(A) 为正的常数　　(B) 为负的常数　　(C) 恒为 0　　(D) 不为常数

2. 下列积分值为 0 的是 (   ).

　(A) $\int_{-1}^{1} \dfrac{x}{1+x^2} dx$　　　　　　(B) $\int_{1}^{2} x\sin^2 x\, dx$

　(C) $\int_{-1}^{1} \dfrac{x^2}{1+x^2} dx$　　　　　　(D) $\int_{-1}^{1} x e^x dx$

(二) 填空题

1. $\int_{-\pi}^{\pi} x^4 \sin x\, dx = $ ＿＿＿＿＿＿＿.

2. $\int_{-\frac{\pi}{2}}^{\frac{\pi}{2}} \cos^4\theta \, d\theta =$ _____ .

3. $\int_{-\frac{1}{2}}^{\frac{1}{2}} \frac{(\arcsin x)^2}{\sqrt{1-x^2}} dx =$ _____

4. $\int_{-2}^{2} [\sin x + \sqrt{4-x^2}] dx =$ _____ .

5. $\int_{-a}^{a} x[f(x) + f(-x)] dx =$ _____ .

6. $\int_{\frac{1}{\sqrt{2}}}^{1} \frac{\sqrt{1-x^2}}{x^2} dx =$ _____ .

(三) 计算题

1. $\int_0^1 x^2 e^{-x} dx$; 2. $\int_1^2 x \ln\sqrt{x} \, dx$;

3. $\int_{\frac{1}{e}}^{e} |\ln x| \, dx$; 4. $\int_{-2}^{2} (x + |x|) e^{-|x|} dx$;

5. $\int_{\frac{3}{4}}^{1} \frac{1}{\sqrt{1-x}-1} dx$; 6. $\int_0^1 \ln(x + \sqrt{1+x^2}) \, dx$.

7. 设 $f(x) = \begin{cases} \dfrac{1}{1+e^x}, & x < 0 \\ \dfrac{1}{1+x}, & x \geq 0 \end{cases}$, 求 $\int_0^2 f(x-1) dx$.

(四)证明题

证明 $\int_0^{\pi} \sin^n x \, dx = 2\int_0^{\frac{\pi}{2}} \sin^n x \, dx$.

6.4.6 反常积分

(一)选择题

1. 下列反常积分( )收敛.

   (A) $\int_0^{+\infty} \frac{\ln x}{x} dx$ 　　　　　　　　　(B) $\int_e^{+\infty} \frac{1}{x \ln x} dx$

   (C) $\int_e^{+\infty} \frac{1}{x \ln^2 x} dx$ 　　　　　　　(D) $\int_e^{+\infty} \frac{1}{x \sqrt{\ln x}} dx$

2. 积分 $\int_{-2}^{2} \frac{1}{(1+x)^2} dx = ($ 　 $)$.

   (A) $-\frac{4}{3}$ 　　　　(B) $\frac{4}{3}$ 　　　　(C) $-\frac{2}{3}$ 　　　　(D)不存在

(二)填空题

1. 若广义积分 $\int_2^{+\infty} \frac{1}{x(\ln x)^k} dx$ 收敛,则 k 应满足＿＿＿＿＿；

   若广义积分 $\int_2^{+\infty} \frac{1}{x(\ln x)^k} dx$ 发散,则 k 应满足＿＿＿＿＿.

2. 广义积分 $\int_0^1 \frac{1}{\sqrt{x-x^2}} dx = $ ＿＿＿＿＿.

3. 反常积分 $\int_1^{+\infty} \frac{1}{x^p} dx$ 收敛,则 p 应满足＿＿＿＿＿.

4. 若广义积分 $\int_a^b \frac{1}{(x-a)^k} dx (a<b)$ 收敛,则 k 应满足＿＿＿＿＿；

   若广义积分 $\int_a^b \frac{1}{(x-a)^k} dx (a<b)$ 发散,则 k 应满足＿＿＿＿＿.

(三)下列反常积分是否收敛？如果收敛,求出它的值

1. $\int_1^{+\infty} \frac{1}{x^3} dx$ ；　　　　　　　　　2. $\int_0^1 \frac{1}{\sqrt{1-x}} dx$ ；

3. $\int_{-1}^{1} \dfrac{1}{\sqrt{1-x^2}} dx$;

4. $\int_{0}^{+\infty} x e^{-x} dx$.

6.4.7 定积分的应用

(一)填空题

1. 曲线 $y=x^2$ 与 $y=\sqrt{x}$ 所围成图形的面积为 _____.
2. 由抛物线 $y=x^2-1$ 与直线 $y=x+1$ 所围成图形的面积为 _____.
3. 已知边际成本 $C'(q)=25+30q-9q^2$,固定成本为 55,求总成本 $C(q)=$ _____.
4. 抛物线 $y^2=4x$ 与 $x=1$ 围成的图形绕 x 轴旋转所得的旋转体 $V_x=$ _____.

(二)计算题

1. 求由曲线 $y=\dfrac{1}{x}$ 及直线 $y=x,x=2,y=0$ 所围成图形的面积.

2. 求由曲线 $y=\ln x$ 与直线 $y=\ln a$ 及 $y=\ln b$ 所围成图形的面积 $(b>a>0)$.

3. 已知边际收入 $R'(q)=3-0.2q$,q 为销售量,求总收入函数 $R(q)$,并确定最高收入的大小.

4. 已知生产某产品的边际成本函数和边际收益函数分别为 $C'(x)=4+\dfrac{x}{4}$(万元/百台),$R'(x)=8-x$(万元/百台),若固定成本为 1 万元,问产品为多少时,总利润最大?并求最大总利润.

5.试求由曲线 $f(x)=\ln x(0<x\leqslant 1)$,$x=0$ 及 $y=0$ 所围成的图形分别绕 Ox 轴和 Oy 轴旋转所得的旋转体的体积.

6.4.8 综合练习

(一)选择题

1.函数 $2(e^{2x}-e^{-2x})$ 的原函数有(　　).
   (A)$(e^x-e^{-x})^2$　　　　　　　　　(B)$(e^x+e^{-x})^2$
   (C)e^x+e^{-x}　　　　　　　　　　(D)$4(e^{2x}+e^{-2x})$

2.$f(x)$ 是连续函数,且 $\int f(x)dx=F(x)+C$,则下列各式正确的是(　　).
   (A)$\int f(x^2)dx=F(x^2)+C$　　　　(B)$\int f(3x+2)dx=F(3x+2)+C$
   (C)$\int f(e^x)dx=F(e^x)+C$　　　　(D)$\int f(\ln 2x)\dfrac{1}{2x}dx=F(\ln 2x)+C$

3.设 $f(x)=e^{-x}$,则 $\int \dfrac{f'(\ln x)}{x}dx=($　　$)$.
   (A)$-\dfrac{1}{x}+c$　　(B)$\dfrac{1}{x}+c$　　(C)$-\ln x+c$　　(D)$\ln x+c$

4.设函数 $f(x)$ 连续,且 $f(x)=\int_0^{x^2}f(t^2)dt$,则 $F'(x)$ 等于(　　)
   (A)$f(x^4)$　　　(B)$x^2 f(x^4)$　　　(C)$2xf(x^4)$　　　(D)$2xf(x^2)$

5.下列式子中,正确的是(　　).
   (A)$\left(\int_x^0 \cos t\, dt\right)'=\cos x$　　　　(B)$\left(\int_0^x \cos t\, dt\right)'=\cos x$
   (C)$\left(\int_0^x \cos t\, dt\right)'=0$　　　　(D)$\left(\int_0^{\frac{\pi}{2}} \cos t\, dt\right)'=\cos x$

(二)填空题

1.若 $f'(e^x)=1+x$,则 $f(x)=$ ＿＿＿＿＿.

2.设 $\int_{-1}^1 2f(x)dx=10$,则 $\int_{-1}^1 f(x)dx=$ ＿＿＿＿＿.

3.设 $f(x)=\int_0^x \sin\sqrt{t}\, dt$,求 $f'\left(\dfrac{\pi^2}{4}\right)=$ ＿＿＿＿＿

4.$\int_{-5}^5 \dfrac{x^3 \sin^2 x}{x^4+2x^2+1}dx=$ ＿＿＿＿＿.

5.$\int_0^2 \dfrac{dx}{(1-x)^2}=$ ＿＿＿＿＿.

(三)计算题

1. $\int_{-1}^{1} |xe^x| \, dx$;

2. $\int_{\pi/4}^{\pi/3} \dfrac{x}{\sin^2 x} \, dx$;

3. $\int_{0}^{6} (x-4)^{-\frac{2}{3}} \, dx$;

4. $\int_{1}^{e} x \ln x \, dx$;

5. $\int_{-1}^{1} \dfrac{x \, dx}{\sqrt{5-4x}}$;

6. $\int_{1}^{e} \sin(\ln x) \, dx$;

7. $\lim\limits_{x \to 1} \dfrac{\int_{1}^{x} \sin \pi t \, dt}{1 + \cos \pi x}$.

8. 求由曲线 $y = e^x$, $y = e^{-x}$ 与直线 $x = 1$ 围成图形的面积.

9. 求由 $[0, \pi]$ 上的正弦曲线及 x 轴所围成的平面图形绕 x 轴旋转一周所围成的旋转体的体积.

(四)证明题

已知函数 $f(x)$ 是偶函数,证函数 $\int_0^x f(t)dt$ 是奇函数.

(五)应用题

假设生产某产品的边际收入函数 $R'(x)=9-x$(万元/万台),边际成本函数为 $C'(x)=4+\dfrac{x}{4}$(万元/万台),其中产量 x 以万台为单位.

(1)试求当生产量由 4 万台增加到 5 万台时利润的变化量.
(2)当产量为多少时利润最大?
(3)已知固定成本为 1 万元,求总成本函数和利润函数.

第7章 重积分

7.1 主要内容

1. 理解二重积分的概念,了解二重积分的几何意义和物理意义.

二重积分是一元函数定积分的推广,其定义为:设二元函数 $f(x,y)$ 定义在有界闭区域 D 上,将区域 D 任意分成 n 个小区域 $\Delta\sigma_i (i=1,2,\dots,n)$,其面积仍记为 $\Delta\sigma_i$,在每个小区域 $\Delta\sigma_i$ 中任取一点 (ξ_i,η_i),作积分和 $\sum_{i=1}^{n}f(\xi_i,\eta_i)\Delta\sigma_i$.当 $\lambda=\max d(\Delta\sigma_i)$ 趋于零时,积分和的极限存在,且与小区域的分割方法及点 (ξ_i,η_i) 的取法无关,则此极限值称为函数 $f(x,y)$ 在区域 D 上的二重积分,即 $\iint_D f(x,y)\mathrm{d}\sigma = \lim_{\lambda\to 0}\sum_{i=1}^{n}f(\xi_i,\eta_i)\Delta\sigma_i$.

因此,二重积分也是一个数,且依赖于被积函数 $f(x,y)$ 和积分区域 D.如果函数 $f(x,y)$ 在有界闭区域 D 上连续,则 $f(x,y)$ 在 D 上一定可积.

当 $f(x,y)\geqslant 0$ 时,二重积分 $\iint_D f(x,y)\mathrm{d}\sigma$ 可以看作以曲面 $z=f(x,y)$ 为顶,区域 D 为底的曲顶柱体的体积;也可以看作非均匀的平面薄片的质量,该薄片的面密度为 $f(x,y)$,所占平面区域为 D.

2. 了解二重积分的性质,并会应用这些性质简化二重积分的计算.

(1) 线性性质.
$$\iint_D [\alpha f(x,y)\pm\beta g(x,y)]\mathrm{d}\sigma = \alpha\iint_D f(x,y)\mathrm{d}\sigma \pm \beta\iint_D g(x,y)\mathrm{d}\sigma$$

(2) 区域可加性.若区域 D 可分为两个子区域 D_1 和 D_2,则
$$\iint_D f(x,y)\mathrm{d}\sigma = \iint_{D_1} f(x,y)\mathrm{d}\sigma + \iint_{D_2} f(x,y)\mathrm{d}\sigma$$

(3) 以 D 为底,高为 1 的平顶柱体的体积在数值上等于柱体的底面积.
$$\iint_D 1\mathrm{d}\sigma = \iint_D \mathrm{d}\sigma = \sigma$$

(4) 有序性.若 $f(x,y)\geqslant g(x,y),(x,y)\in D$,则
$$\iint_D f(x,y)\mathrm{d}\sigma \geqslant \iint_D g(x,y)\mathrm{d}\sigma;$$

$$\left|\iint\limits_D f(x,y)\mathrm{d}\sigma\right| \leqslant \iint\limits_D |f(x,y)|\mathrm{d}\sigma$$

(5) 估值定理. 若 $m \leqslant f(x,y) \leqslant M, (x,y) \in D, m、M$ 为常数,则

$$m\sigma \leqslant \iint\limits_D f(x,y)\mathrm{d}\sigma \leqslant M\sigma$$

(6) 中值定理. 若 $f(x,y)$ 在有界闭区间 D 上连续,则存在点 $(\xi,\eta) \in D$,使得

$$\iint\limits_D f(x,y)\mathrm{d}\sigma = f(\xi,\eta)\sigma$$

3.熟练掌握二重积分化为二次积分的计算方法.

(1)利用直角坐标系计算.

①当积分区域为 X-型区域,如图 7-1 所示.

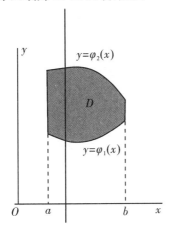
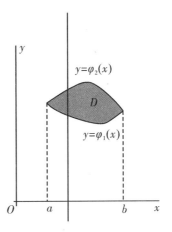

图 7-1

区域 D 可由不定式表示为 $a \leqslant x \leqslant b, \varphi_1(x) \leqslant y \leqslant \varphi_2(x)$,则

$$\iint\limits_D f(x,y)\mathrm{d}\sigma = \int_a^b \mathrm{d}x \int_{\varphi_1(x)}^{\varphi_2(x)} f(x,y)\mathrm{d}y$$

②当积分区域为 Y-型区域,如图 7-2 所示.

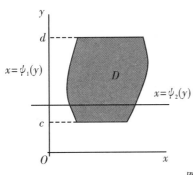
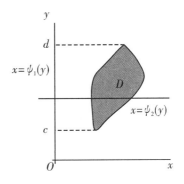

图 7-2

区域 D 可由不等式表示为 $c \leqslant y \leqslant d, \psi_1(y) \leqslant x \leqslant \psi_2(y)$,则

$$\iint\limits_D f(x,y)\mathrm{d}\sigma = \int_c^d \mathrm{d}y \int_{\psi_1(y)}^{\psi_2(y)} f(x,y)\mathrm{d}x$$

③当平行坐标轴的直线与区域 D 的边界曲线的交点多于两个,如图 7-3 所示时,一般可把 D 分成几个子区域,分别按 X-型或 Y-型区域计算,然后再根据区域可加性得到整个区域上的二重积分的值.

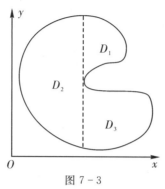

图 7-3

(2)利用极坐标计算.

①当极点在积分区域 D 外,如图 7-4 所示.

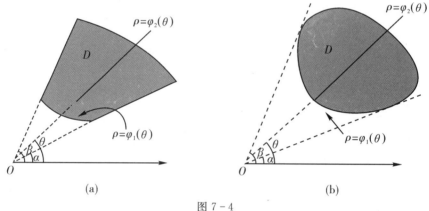

(a)　　　　　　　　　(b)

图 7-4

D 可由不等式表示为 $\alpha \leqslant \theta \leqslant \beta, \varphi_1(\theta) \leqslant \rho \leqslant \varphi_2(\theta)$,则

$$\iint_D f(\rho\cos\theta,\rho\sin\theta)\rho\,\mathrm{d}\rho\,\mathrm{d}\theta = \int_\alpha^\beta \mathrm{d}\theta \int_{\varphi_1(\theta)}^{\varphi_2(\theta)} f(\rho\cos\theta,\rho\sin\theta)\rho\,\mathrm{d}\rho$$

②当极点在积分区域边界 D 上,如图 7-5 所示.

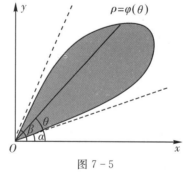

图 7-5

D 可由不等式表示为 $\alpha \leqslant \theta \leqslant \beta, 0 \leqslant \rho \leqslant \varphi(\theta)$,则

$$\iint_D f(\rho\cos\theta,\rho\sin\theta)\rho\,\mathrm{d}\rho\,\mathrm{d}\theta = \int_\alpha^\beta \mathrm{d}\theta \int_0^{\varphi(\theta)} f(\rho\cos\theta,\rho\sin\theta)\rho\,\mathrm{d}\rho$$

③当极点在区域 D 内，如图 7-6 所示.

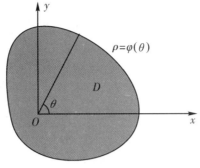

图 7-6

区域 D 可由不等式表示为 $0 \leqslant \theta \leqslant 2\pi, 0 \leqslant \rho \leqslant \varphi(\theta)$ 则

$$\iint_D f(\rho\cos\theta,\rho\sin\theta)\rho\,\mathrm{d}\rho\,\mathrm{d}\theta = \int_0^{\varphi(\theta)}\mathrm{d}\theta\int_0^{\varphi(\theta)} f(\rho\cos\theta,\rho\sin\theta)\rho\,\mathrm{d}\rho$$

4．了解二重积分的元素法解简单的应用题，如求空间立体的体积、平面图形的面积、空间曲面的面积、非均匀平面薄片的质量、平面薄片的静力距、重心、转动惯量等．

7.2 学法建议

(1)二重积分是定积分的推广和发展，它如同定积分一样也是某种确定和式的极限，其基本思想是"分割、近似、求和、取极限"．

定积分的被积函数是一元函数，其积分域是一个确定的区间；而二重积分的被积函数是二元函数，其积分域是一个平面有界闭区域．

(2)计算二重积分一般分为三个步骤：

①求出曲线的交点，画出积分区域 D 的图形；

②确定积分限，化二重积分为累次积分；

化累次积分之前需要确定积分次序，而积分次序的确定依赖于积分区域 D 和被积函数 $f(x,y)$．有时两个次序均便于计算，但有时选择次序不当将使计算特别繁琐，甚至无法计算．在被积函数比较容易积分的情况下，对于积分区域是圆域或圆域的一部分(如圆环域或扇形区域等)时，选用极坐标系进行计算会更为简便．总之，将二重积分化为二次积分计算时，应先分析被积函数的特点和积分区域的形式，再综合考虑采用哪种坐标系(直角坐标系或极坐标系)和哪种积分次序(如先对 y 再对 x 求积分或先对 x 再对 y 求积分等)．

(3)计算二次积分．

二重积分的计算方法是化为累次积分，顺次计算．

掌握二重积分化为二次积分的方法是学好二重积分的关键．

7.3 疑难解析

1. 设 $I_i = \iint\limits_{D_i} e^{-(x^2+y^2)} dx dy$, $i=1,2,3$, 其中: $D_1 = \{(x,y) \mid x^2+y^2 \leqslant r^2\}$, $D_2 = \{(x,y) \mid x^2+y^2 \leqslant 2r^2\}$, $D_3 = \{(x,y) \mid |x| \leqslant r, |y| \leqslant r\}$ 则下列结论正确的是( ).

(A) $I_1 < I_2 < I_3$ (B) $I_2 < I_3 < I_1$ (C) $I_1 < I_3 < I_2$ (D) $I_3 < I_2 < I_1$

分析:因为 $D_1 \subset D_3 \subset D_2$, $e^{-(x^2+y^2)} > 0$, 所以由二重积分的几何意义可得 $I_1 < I_3 < I_2$, (C) 为答案.

2. 计算 $\iint\limits_{D}(x^2+y^2)dxdy$, 其中 D 是由 xOy 平面上的抛物线 $y=x^2$ 及 $y=\sqrt{x}$ 所围成的区域, 如图 7-7 所示.

分析:化累次积分之前需要确定积分次序, 而积分次序的确定依赖于积分区域 D 和被积函数 $f(x,y)$, 在被积函数和被积区域比较容易积分的情况下, 两个次序均便于计算.

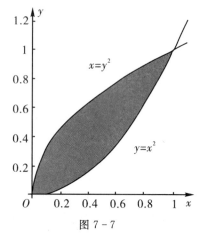

图 7-7

解 方法一. 积分区域 D 表示成不等式: $0 \leqslant x \leqslant 1$, $x^2 \leqslant y \leqslant \sqrt{x}$.

$$\iint\limits_{D}(x^2+y^2)dxdy = \int_0^1 dx \int_{x^2}^{\sqrt{x}} (x^2+y^2) dy$$

$$= \int_0^1 \left(x^2 y + \frac{1}{3}y^3\right)\Big|_{x^2}^{\sqrt{x}} dx$$

$$= \int_0^1 \left(x^{\frac{5}{2}} + \frac{1}{3}x^{\frac{3}{2}} - x^4 - \frac{1}{3}x^6\right) dx$$

$$= \left(\frac{2}{7}x^{\frac{7}{2}} + \frac{2}{15}x^{\frac{5}{2}} - \frac{1}{5}x^5 - \frac{1}{21}x^7\right)\Big|_0^1$$

$$= \frac{6}{35}$$

方法二. 积分区域 D 表示成不等式: $0 \leqslant y \leqslant 1$, $y^2 \leqslant x \leqslant \sqrt{y}$.

$$\iint\limits_{D}(x^2+y^2)dxdy = \int_0^1 dy \int_{y^2}^{\sqrt{y}} (x^2+y^2) dx$$

$$= \int_0^1 \left(\frac{1}{3}x^3 + y^2 x\right)\Big|_{y^2}^{\sqrt{y}} dy$$

$$= \int_0^1 \left(\frac{1}{3}y^{\frac{3}{2}} + y^{\frac{5}{2}} - \frac{1}{3}y^6 - y^4\right) dy$$

$$= \left(\frac{2}{15}x^{\frac{5}{2}} + \frac{2}{7}x^{\frac{7}{2}} - \frac{1}{21}x^7 - \frac{1}{5}x^5\right)\Big|_0^1$$

$$= \frac{6}{35}$$

3. 计算 $\iint_D \dfrac{x-1}{(y+1)^2} \mathrm{d}x\mathrm{d}y$，其中 D 为 $y^2=x, y=x-2$ 所围成的区域，如图 7-8 所示.

分析：化累次积分之前需要确定积分次序，而积分次序的确定依赖于积分区域 D 和被积函数 $f(x,y)$，有时两个次序均便于计算，但有时选择次序不当将使计算特别繁琐，甚至无法计算.

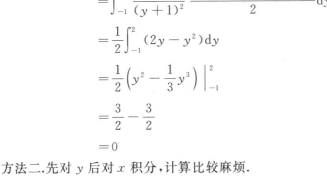

图 7-8

解 方法一．先对 x 后对 y 积分，计算较为简便.

积分区域 D 表示成不等式：$-1 \leqslant y \leqslant 2, y^2 \leqslant x \leqslant y+2$.

$$\iint_D \dfrac{x-1}{(y+1)^2}\mathrm{d}x\mathrm{d}y = \int_{-1}^{2}\mathrm{d}y\int_{y^2}^{y+2}\dfrac{x-1}{(y+1)^2}\mathrm{d}x$$

$$= \int_{-1}^{2}\dfrac{1}{(y+1)^2}\cdot\dfrac{(y+1)^2-(y^2-1)^2}{2}\mathrm{d}y$$

$$= \dfrac{1}{2}\int_{-1}^{2}(2y-y^2)\mathrm{d}y$$

$$= \dfrac{1}{2}\left(y^2-\dfrac{1}{3}y^3\right)\Big|_{-1}^{2}$$

$$= \dfrac{3}{2}-\dfrac{3}{2}$$

$$= 0$$

方法二．先对 y 后对 x 积分，计算比较麻烦.

积分区域 D 表示成不等式：

$$\begin{cases}0\leqslant x\leqslant 1\\ -\sqrt{x}\leqslant y\leqslant\sqrt{x}\end{cases} \quad \text{和} \quad \begin{cases}1\leqslant x\leqslant 4\\ x-2\leqslant y\leqslant\sqrt{x}\end{cases}$$

$$\iint_D\dfrac{x-1}{(y+1)^2}\mathrm{d}x\mathrm{d}y = \int_0^1\mathrm{d}x\int_{-\sqrt{x}}^{\sqrt{x}}\dfrac{x-1}{(y+1)^2}\mathrm{d}y + \int_1^4\mathrm{d}x\int_{x-2}^{\sqrt{x}}\dfrac{x-1}{(y+1)^2}\mathrm{d}y$$

$$= -2\int_0^1\sqrt{x}\,\mathrm{d}x + \int_1^4(2-\sqrt{x})\mathrm{d}x$$

$$= -\dfrac{4}{3}x^{\frac{3}{2}}\Big|_0^1 + \left(2x-\dfrac{2}{3}x^{\frac{3}{2}}\right)\Big|_1^4$$

$$= -\dfrac{4}{3}+\left(8-\dfrac{16}{3}\right)-\left(2-\dfrac{2}{3}\right)$$

$$= 0$$

4. 计算 $\iint_D(x+y)\mathrm{d}x\mathrm{d}y, D=\{((x,y)|0\leqslant x^2+y^2\leqslant 1\}$.

分析：在被积函数比较容易积分的情况下，当积分区域是圆域或圆域的一部分（如圆环域或扇形区域等）时，选用极坐标系进行计算会更为简便.

解 方法一．用直角坐标系计算．积分区域可表示成不等式 $-1\leqslant x\leqslant 1, -\sqrt{1-x^2}\leqslant y\leqslant\sqrt{1-x^2}$.

$$\iint\limits_D (x+y)\mathrm{d}x\mathrm{d}y = \int_{-1}^1 \mathrm{d}x \int_{-\sqrt{1-x^2}}^{\sqrt{1+x^2}} (x+y)\mathrm{d}y$$

$$= \int_{-1}^1 2x\sqrt{1-x^2}\,\mathrm{d}x$$

$$= 0$$

方法二. 用极坐标系计算. 积分区域 D 可表示成不等式: $0 \leqslant \theta \leqslant 2\pi, 0 \leqslant \rho \leqslant 1$.

$$\iint\limits_D (x+y)\mathrm{d}x\mathrm{d}y = \int_0^{2\pi} \mathrm{d}\theta \int_0^1 \mathrm{e}^2(\cos\theta + \sin\theta)\mathrm{d}\rho$$

$$= (\sin\theta - \cos\theta)\Big|_0^{2\pi} \times \frac{1}{3}\rho^3\Big|_0^1$$

$$= 0$$

5. 化此积分为极坐标形式,并计算其积分值.

$$\int_0^2 \mathrm{d}x \int_0^{\sqrt{2x-x^2}} (x^2+y^2)\mathrm{d}y$$

分析: 此积分的积分区域 D 原为 $0 \leqslant x \leqslant 2, 0 \leqslant y \leqslant \sqrt{2x-x^2}$, 把 D 图形画下来, 转变为极坐标系中的不等式为 $0 \leqslant \theta \leqslant \dfrac{\pi}{2}, 0 \leqslant \rho \leqslant 2\cos\theta$, 原式化为

$$\int_0^{\frac{\pi}{2}} \mathrm{d}\theta \int_0^{2\cos\theta} \rho^2 \cdot \rho\,\mathrm{d}\rho = 4\int_0^{\frac{\pi}{2}} \cos^4\theta\,\mathrm{d}\theta$$

$$= 4\int_0^{\frac{\pi}{2}} \left(\frac{1+\cos 2\theta}{2}\right)^2 \mathrm{d}\theta$$

$$= \int_0^{\frac{\pi}{2}} (1 + 2\cos 2\theta + \cos^2 2\theta)\mathrm{d}\theta$$

$$= \int_0^{\frac{\pi}{2}} \left(1 + 2\cos 2\theta + \frac{1+\cos 4\theta}{2}\right)\mathrm{d}\theta$$

$$= \left(\frac{3}{2}\theta + \sin 2\theta + \frac{1}{8}\sin 4\theta\right)\Big|_0^{\frac{\pi}{2}}$$

$$= \frac{3}{4}\pi$$

6. 计算 $\iint\limits_D x^2 \mathrm{d}x\mathrm{d}y$, 其中 D 为环形区域: $1 \leqslant x^2 + y^2 \leqslant 4$.

分析: 由对称性得 $\iint\limits_D x^2 \mathrm{d}x\mathrm{d}y = 4\iint\limits_{D_1} x^2 \mathrm{d}x\mathrm{d}y$, 其中 $D_1 = \{(x,y) x \geqslant 0, y \geqslant 0, 1 \leqslant x^2 + y^2 \leqslant 4\}$.

解 方法一. 用直角坐标系计算.

$$\iint\limits_{D_1} x^2 \mathrm{d}x\mathrm{d}y = \int_0^1 \mathrm{d}x \int_{\sqrt{1-x^2}}^{\sqrt{4-x^2}} x^2 \mathrm{d}y + \int_1^2 \mathrm{d}x \int_0^{\sqrt{4-x^2}} x^2 \mathrm{d}y$$

$$= \int_0^1 x^2(\sqrt{4-x^2} - \sqrt{1-x^2})\mathrm{d}x + \int_1^2 x^2\sqrt{4-x^2}\,\mathrm{d}x$$

之后的计算会用到三角函数换元,如令 $x = 2\sin t$ 之类的变型,计算相当繁琐.

方法二. 用极坐标系计算.

$$\iint\limits_{D} x^2 \,\mathrm{d}x\,\mathrm{d}y = \int_0^{\frac{\pi}{2}} \mathrm{d}\theta \int_1^2 \rho^2 \cos^2\theta \cdot \rho \,\mathrm{d}\rho$$

$$= \int_1^2 \rho^3 \,\mathrm{d}\rho \cdot \int_0^{\frac{\pi}{2}} \cos^2\theta \,\mathrm{d}\theta = \frac{15}{4} \times \frac{\pi}{4} = \frac{15}{16}\pi$$

7.4 习题

7.4.1 二重积分的概念与性质

(一)选择题

1. 设 $D: 0 \leqslant y \leqslant \sqrt{4-x^2}$，则 $\iint\limits_{D} y^2 \sin x \,\mathrm{d}x\,\mathrm{d}y = ($).

   (A) $\frac{\pi}{2}$ (B) 2π (C) 0 (D) $\frac{1}{2}$

2. $\iint\limits_{D} |\sin(x^2+y^2)| \,\mathrm{d}\sigma$ _____ σ，其中 σ 是圆域 $D: x^2+y^2 \leqslant 4^2$ 的面积，$\sigma = 16\pi$.

   (A) $\geqslant$ (B) $\leqslant$ (C) $=$ (D) 无法判断

3. 比较积分值的大小：$I_1 = \iint\limits_{D} \frac{x+y}{4} \,\mathrm{d}x\,\mathrm{d}y$, $I_2 = \iint\limits_{D} \sqrt{\frac{x+y}{4}} \,\mathrm{d}x\,\mathrm{d}y$, $I_3 = \iint\limits_{D} \sqrt[3]{\frac{x+y}{4}} \,\mathrm{d}x\,\mathrm{d}y$，其中 $D = \{(x,y) \mid (x-1)^2 + (y-1)^2 \leqslant 2\}$，则下列结论正确的是( ).

   (A) $I_1 < I_2 < I_3$ (B) $I_2 < I_3 < I_1$
   (C) $I_1 < I_3 < I_2$ (D) $I_3 < I_2 < I_1$

4. 设 $I_1 = \iint\limits_{D} \cos\sqrt{x^2+y^2}\,\sigma$, $I_2 = \iint\limits_{D} \cos(x^2+y^2)\,\sigma$, $I_3 = \iint\limits_{D} \cos(x^2+y^2)^2\,\sigma$，其中 $D = \{(x,y) \mid x^2+y^2 \leqslant 1\}$，则下列结论正确的是( ).

   (A) $I_1 < I_2 < I_3$ (B) $I_2 < I_3 < I_1$
   (C) $I_1 < I_3 < I_2$ (D) $I_3 < I_2 < I_1$

(二) 填空题

1. 函数 $f(x,y)$ 在有界闭区域 D 上的二重积分存在的充分条件是 $f(x,y)$ 在 D 上，在此条件下，必有点 $(\xi,\eta) \in D$，使得 $\iint\limits_{D} f(x,y)\,\mathrm{d}\sigma = $ _____.

2. 二重积分 $\iint\limits_{D} f(x,y)\,\mathrm{d}\sigma$ 的几何意义是 _____.

3. 设 $D_1 = \{(x,y) \mid |x| \leqslant 1, |y| \leqslant 2\}$, $D_2 = \{(x,y) \mid 0 \leqslant x \leqslant 1, 0 \leqslant y \leqslant 2\}$，则由二重积分的几何意义可知：$\iint\limits_{D_1} (x^2+y^2)^3 \,\mathrm{d}\sigma = $ _____ $\iint\limits_{D_2} (x^2+y^2)^3 \,\mathrm{d}\sigma$.

4.比较下列各题中两个积分的大小：

(1)D 由 x 轴、y 轴与直线 $x+y=1$ 围成，则 $\iint\limits_{D}(x+y)^2 d\sigma$ _____ $\iint\limits_{D}(x+y)^3 d\sigma$.

(2)D 是顶点为 $(1,0)$、$(1,1)$、$(2,0)$ 的三角形区域，则 $\iint\limits_{D}\ln(x+y)d\sigma$ _____ $\iint\limits_{D}[\ln(x+y)]^2 d\sigma$.

(3)D_1 是矩形区域：$-1\leqslant x\leqslant 1, -2\leqslant y\leqslant 2$；$D_2$ 是矩形区域：$0\leqslant x\leqslant 1, 0\leqslant y\leqslant 2$，则 $\iint\limits_{D_1}(x+y)^3 d\sigma$ _____ $\iint\limits_{D_2}(x+y)^3 d\sigma$.

5.若 $f(x,y)$ 在 $D=\{(x,y) \mid x^2+y^2\leqslant r^2\}$ 连续，则 $\lim\limits_{r\to 0^+}\dfrac{1}{\pi r^2}\iint\limits_{D}f(x,y)d\sigma=$ _____.

6.设 $D=\{(x,y) \mid x^2+y^2\leqslant 4, y\geqslant 0\}$，则 $\iint\limits_{D}x(3+x^2 y^2)dxdy=$ _____.

(三) 计算题：利用二重积分的性质，计算下列各二重积分的值

1.$I=\iint\limits_{D}xy(x+y)d\sigma$，其中 $D=\{(x,y) \mid 0\leqslant x\leqslant 1, 0\leqslant y\leqslant 1\}$.

2.$I=\iint\limits_{D}\sin^2 x \sin^2 y d\sigma$，其中 $D=\{(x,y) \mid 0\leqslant x\leqslant \pi, 0\leqslant y\leqslant \pi\}$

3.$I=\iint\limits_{D}e^{-x^2-y^2}d\sigma$，其中 D 为圆域 $x^2+y^2\leqslant 1$.

(四) 根据二重积分的几何意义，确定下列积分的值.

1.$\iint\limits_{D}(a-\sqrt{x^2+y^2})d\sigma$，其中 $D: x^2+y^2\leqslant a^2$.

2. $\iint\limits_{D}\sqrt{a^2-x^2-y^2}\,\mathrm{d}\sigma$,其中 $D:x^2+y^2\leqslant a^2$.

7.4.2 二重积分计算法(一)

(一)选择题

1. $I=\int_0^1\mathrm{d}x\int_{x^2}^x f(x,y)\mathrm{d}y$,更换积分次序后得 $I=(\quad)$.

   (A) $\int_{x^2}^x \mathrm{d}y\int_0^1 f(x,y)\mathrm{d}y$ (B) $\int_0^1\mathrm{d}y\int_y^{\sqrt{y}} f(x,y)\mathrm{d}x$

   (C) $\int_0^1\mathrm{d}y\int_{y^2}^y f(x,y)\mathrm{d}x$ (D) $\int_y^{\sqrt{y}}\mathrm{d}y\int_0^1 f(x,y)\mathrm{d}x$

2. 设 $f(x,y)$ 连续且 $f(x,y)=xy+\iint\limits_{D}f(x,y)\mathrm{d}x\mathrm{d}y$,其中 D 是由 $x=0,y=1,y=x$ 围成的区域,则 $f(x,y)=(\quad)$.

   (A) $xy+\dfrac{1}{8}$ (B) $xy+\dfrac{1}{4}$ (C) $xy+1$ (D) $xy+2$

3. 设 $D=\{(x,y)\mid |x|\leqslant 1,|y|\leqslant 2\}$,则 $\iint\limits_{D}(x^2+xy^2)\mathrm{d}x\mathrm{d}y=(\quad)$.

   (A) $\dfrac{2}{3}$ (B) $\dfrac{4}{3}$ (C) $\dfrac{6}{3}$ (D) $\dfrac{8}{3}$

(二) 填空题

1. 设 $D:0\leqslant x\leqslant 1,-1\leqslant y\leqslant 0$,则 $\iint\limits_{D} x\mathrm{e}^{xy}\mathrm{d}x\mathrm{d}y=$ _____.

2. 设 $f(x,y)$ 为连续函数,更换积分次序:

   (1) $\int_0^4\mathrm{d}y\int_{-\sqrt{4-y}}^{\frac{1}{2}(y-4)}f(x,y)\mathrm{d}x=$ _____.

   (2) $\int_0^1\mathrm{d}x\int_0^{x^2}f(x,y)\mathrm{d}y+\int_1^2\mathrm{d}x\int_0^{4-x^2}f(x,y)\mathrm{d}y=$ _____.

3. 当积分区域 D 由直线 $y=2x,x=2y,x+y=3$ 所围成时,计算二次积分 $\iint\limits_{D}\mathrm{d}x\mathrm{d}y=$ _____.

4. 设 $D:1\leqslant x^2+y^2\leqslant 4$,则积分 $\iint\limits_{D}\mathrm{d}x\mathrm{d}y=$ _____.

5. 计算 $\int_1^2\mathrm{d}x\int_1^x xy\mathrm{d}y=$ _____.

(三) 计算题

1. 写出函数 $f(x,y)$ 在下列区域上的两个累次积分.

   (1) D：由 $y=x^2, y=1$ 所围成的闭区域；

   (2) D：由 $y=x, y=2$ 及 $y=\dfrac{1}{x}(x>0)$ 所围成的闭区域；

   (3) D：由 $x+y=1, x-y=1, x=0$ 所围成的闭区域.

2. 画出积分区域，并求 $\iint\limits_{D}(x^2+y^2-x)\,\mathrm{d}x\,\mathrm{d}y$，其中 D 是由直线 $y=2, y=x$ 及 $y=2x$ 所围成的闭区域.

3. 计算 $\iint\limits_{D}\dfrac{1}{(x-y)^2}\,\mathrm{d}\sigma$，其中 $D: 3\leqslant x\leqslant 4, 1\leqslant y\leqslant 2$.

4. 计算 $\iint\limits_{D}x^2 y\,\mathrm{e}^{xy}\,\mathrm{d}\sigma$，其中 $D: 0\leqslant x\leqslant 1, 0\leqslant y\leqslant 2$.

5. 计算 $\iint\limits_{D}(x^2+y^2-x)\,\mathrm{d}\sigma$，$D$ 为 $y=2, y=x, y=2x$ 所围成的区域.

6. 求由平面 $x=0, y=0, x+y=1$ 所围成的柱体被平面 $z=0$ 及抛物面 $x^2+y^2=6-z$ 截得的立体的体积.

7. 设平面薄片所占的闭区域 D 由直线 $x+y=2, y=x$ 和 x 轴所围成，它的面密度 $u(x,y)=x^2+y^2$，求该薄片的质量.

7.4.3 二重积分计算法(二)

(一)选择题

1. 设 $f(u)$ 在 $D: x^2+y^2 \leqslant 1, y \geqslant 0$ 上连续，则 $\iint\limits_{D} f(\sqrt{x^2+y^2}) dx dy = ($ $)$.

   (A) $\pi \int_0^1 f(r) dr$ (B) $2\pi \int_0^1 rf(r) dr$

   (C) $2\pi \int_0^1 f(r) dr$ (D) $\pi \int_0^1 rf(r) dr$

2. 将极坐标系下的累次积分 $I = \int_0^{\frac{\pi}{2}} d\theta \int_0^{2a\cos\theta} f(r\cos\theta, r\sin\theta) r dr$ 化为直角坐标下累次积分 $I = ($ $)$.

   (A) $\int_0^{2a} dx \int_0^a f(x,y) dy$ (B) $\int_0^{2a} dy \int_0^{\sqrt{a^2-y^2}} f(x,y) dx$

   (C) $\int_0^{2a} dx \int_0^{\sqrt{2ax-x^2}} f(x,y) dy$ (D) $\int_0^{2a} dy \int_0^{\sqrt{2ay-y^2}} f(x,y) dx$

3. 设 D 为 $x^2+(y-1)^2=1$ 及 y 轴围成的第一象限部分，化重积分 $\iint\limits_{D} f(x,y) dx dy$ 为极坐标系下的二次积分 $I = ($ $)$.

   (A) $\int_0^{2\pi} d\theta \int_0^{2\cos\theta} f(r\cos\theta, r\sin\theta) r dr$ (B) $\int_0^{\frac{\pi}{2}} d\theta \int_0^{2\sin\theta} f(r\cos\theta, r\sin\theta) r dr$

   (C) $\int_0^{2\pi} d\theta \int_0^{2\cos\theta} f(r\cos\theta, r\sin\theta) dr$ (D) $\int_0^{\frac{\pi}{2}} d\theta \int_0^{2\sin\theta} f(r\cos\theta, r\sin\theta) dr$

(二) 填空题

1. 设 $f(x,y)$ 在 D 上连续，将 $I = \iint\limits_{D} f(x,y) dx dy$ 化成极坐标下二次积分：

   (1) 当 $D = \{(x,y) \mid x^2+y^2 \leqslant a^2, a>0\}$，则 $I = $ _____；

(2) 当 $D = \{(x,y) \mid x^2 + y^2 \leqslant 2x\}$,则 I _____;

(3) 当 $D = \{(x,y) \mid a^2 \leqslant x^2 + y^2 \leqslant b^2\}$,其中 $0 < a < b$,则 $I =$ _____.

2. 化二次积分为极坐标形式:

(1) $\int_0^2 dx \int_x^{\sqrt{3}x} f(\sqrt{x^2+y^2}) dy =$ _____;

(2) $\int_0^R \int_x^{\sqrt{R^2-x^2}} f(x,y) dy =$ _____;

(3) $\int_0^{2R} dy \int_0^{\sqrt{2Ry-y^2}} f(x^2+y^2) dx =$ _____.

3. 计算 $\iint\limits_D d\sigma =$ ____,其中 D 为由圆周 $x^2 + y^2 = 1$ 及坐标轴所围成的在第 I 象限内的区域.

4. 计算 $\iint\limits_{x^2+y^2 \leqslant 1} e^{-x^2-y^2} dx dy =$ _____.

(三) 计算题

1. 计算 $\iint\limits_D y d\sigma$,D 是由 $x^2 + y^2 = a^2$ 和 $x \geqslant 0, y \geqslant 0$ 所围成的区域.

2. 计算 $\iint\limits_D (x+y) d\sigma$,$D$ 为 $x^2 + y^2 = x + y$ 的内部区域.

3. 计算 $\iint\limits_D \sin\sqrt{x^2+y^2} d\sigma$,$D: \pi \leqslant x^2 + y^2 \leqslant 4\pi^2$.

4. 计算 $\iint\limits_D \ln(1+x^2+y^2) d\sigma$,$D: x^2 + y^2 \leqslant 1, x、y \geqslant 0$.

5. 计算 $\iint_D \arctan\dfrac{y}{x}\mathrm{d}x\mathrm{d}y$,其中 D 为圆周 $x^2+y^2=4$,$x^2+y^2=1$ 及直线 $y=0$,$y=x$ 所围成的在第 I 象限内的闭区域.

6. 设 $D: x^2+y^2 \leqslant 9$,$f(x,y)=\begin{cases} 4, & x^2+y^2 > 4 \\ x^2+y^2, & x^2+y^2 \leqslant 4 \end{cases}$,计算 $\iint_D f(x,y)\mathrm{d}x\mathrm{d}y$.

7. 计算以 xOy 面上的圆周 $x^2+y^2=ax$ 的围成的闭区域为底,以曲面 $z=x^2+y^2$ 为顶的曲顶柱体的体积.

8. 设平面薄片所占的闭区域 D 是由螺线 $r=2\theta$ 上一段弧 $\left(0 \leqslant \theta \leqslant \dfrac{\pi}{2}\right)$ 与直线 $\theta=\dfrac{\pi}{2}$ 所围成,它的面密度为 $\rho(x,y)=x^2+y^2$,求这薄片的质量.

7.4.4　重积分应用举例

(一)选择题

1. 曲面 $z=\sqrt{x^2+y^2}$ 包含在圆柱 $x^2+y^2=2x$ 内部的面积 $S=($ 　　 $)$.
   (A)$\sqrt{3}\pi$　　　　(B)$\sqrt{2}\pi$　　　　(C)$\sqrt{5}\pi$　　　　(D)$2\sqrt{2}\pi$

2. 由直线 $x+y=2$,$x=2$,$y=2$ 所围成的质量分部均匀(设面密度为 u)的平面薄板,关于 x 轴的转动惯量 $I_x=($ 　　 $)$.
   (A)$3u$　　　　(B)$5u$　　　　(C)$4u$　　　　(D)$6u$

3. 均匀的平面薄片,所占区域 D 由 $y=x$,$y=x^2$ 围成,则该薄片的重心为(　　).
   (A)$\left(\dfrac{1}{2},\dfrac{2}{5}\right)$　　　(B)$(1,0)$　　　(C)$(5,2)$　　　(D)$\left(\dfrac{1}{4},\dfrac{2}{3}\right)$

(二)填空题

1. 由抛物面 $z=6-x^2-y^2$ 与 xy 坐标面所围成的立体体积为_____.

2. 设平面薄片所占的闭区域 D 是由直线 $x+y=2, y=x$ 和 x 轴所围成的,其面密度 $\rho(x,y)=x^2+y^2$,则该薄片的质量 = _____.

3. 以 xOy 面上的圆周 $x^2+y^2=ax(a>0)$ 围成的闭区域为底,以曲面 $z=x^2+y^2$ 为顶的曲顶柱体的体积 $V=$_____.

4. 底圆半径相等的两个直交圆柱面 $x^2+y^2=R^2, x^2+z^2=R^2$ 所围立体的表面积 $A=$_____.

5. 求锥面 $z=\sqrt{x^2+y^2}$ 被柱面 $z^2=2x$ 割下部分的面积 $A=$_____.

6. 设均匀薄片(面密度为常数 1)所占区域 $D=\{(x,y)|0\leqslant x\leqslant a, 0\leqslant y\leqslant b\}$,则对 x 轴的转动惯量 $I_x=$_____,对 y 轴的转动惯量 $I_y=$_____.

(三)计算题

1. 求球面 $x^2+y^2+z^2=a^2$ 含在圆柱面 $x^2+y^2=ax(a>0)$ 内部的那部分面积.

2. 求由曲线 $x=0, y=0, z=0, x=2, y=3, x+y+z=4$ 所围成的立体的体积.

3. 设有一等腰直角三角形薄片,腰长为 a,各点处的面密度等于该点到直角顶点的距离的平方,求该薄片的重心.

4. 求由抛物线 $y=x^2$ 及直线 $y=1$ 所围成的均匀薄片(面密度为常数 ρ)对于直线 $y=-1$ 的转动惯量.

5.在均匀半圆形薄片的直径上拼接一个一边与直径等长的均匀矩形薄片(材料相同),为使整个薄片重心正好落在圆心上,问接上的矩形另一边的长度等于多少?

7.4.5 综合练习

(一)选择题

1. $\int_0^1 dx \int_0^{\sqrt{1-x^2}} \sqrt{1-x^2-y^2} \, dy = ($).

   (A) $\dfrac{2\pi}{3}$ (B) $\dfrac{4\pi}{3}$ (C) $\dfrac{\pi}{6}$ (D) $\dfrac{\pi}{8}$

2. $\int_0^1 dx \int_x^1 e^{-y^2} dy = ($).

   (A) $1-e^{-1}$ (B) $\dfrac{1}{2}(1-e^{-1})$ (C) $1-e$ (D) $\dfrac{1}{2}(1-e)$

3. 平面区域 $D = \{(x,y) \mid x \leqslant y \leqslant a, -a \leqslant x \leqslant a\}$,$D_1 = \{(x,y) \mid x \leqslant y \leqslant a, 0 \leqslant x \leqslant a\}$,则 $\iint_D y e^{x^2} dx dy = ($).

   (A) 0

   (B) $\iint_{D_1} y e^{x^2} dx dy$

   (C) $2\iint_{D_1} y e^{x^2} dx dy$

   (D) $4\iint_{D_1} y e^{x^2} dx dy$

(二) 填空题

1. 设积分区域 D 是由 $|x| \leqslant 1$,$|y+1| \leqslant 1$ 围成的矩形区域,在直角坐标系下二重积分 $\iint_D f(x,y) dx dy =$ _____

2. 二次积分 $\int_0^1 dx \int_0^{\sqrt{x}} f(x,y) dy$ 改变积分次序后成为 _____.

3. (1) 二次积分 $\int_0^1 dx \int_0^{x^2} f(x,y) dy$ 的极坐标形式是 _____;

   (2) 二次积分 $\int_0^1 dx \int_{x^2}^x \dfrac{1}{\sqrt{x^2+y^2}} dy$ 的极坐标形式是 _____;

   (3) 二次积分 $\int_0^1 dx \int_{1-x}^{\sqrt{1-x^2}} f(x^2+y^2) dy$ 的极坐标形式是 _____.

4. 积分 $\int_1^2 dx \int_{-\sqrt{2x-x^2}}^0 dy \int_0^x f(x,y,z) dz$ 的柱面坐标形式是 _____.

(三) 计算题

1. 计算 $\iint\limits_{D}(x^2+y^2)\mathrm{d}x\mathrm{d}y$，其中 D 是由抛物线 $y=x^2$ 及 $y=\sqrt{x}$ 所围成的区域.

2. 计算 $\iint\limits_{D}(y+1)\mathrm{d}x\mathrm{d}y$，其中 $D=\{(x,y)\mid (x-1)^2+y^2\leqslant 1, y\geqslant 0\}$.

3. 计算 $\iint\limits_{D}x^2\mathrm{d}x\mathrm{d}y$，其中 D 是由抛物线 $y=0$ 与 $y=\sqrt{4-x^2}$ 所围成的区域.

4. 求由曲线 $x^2+y^2=2x$，$x^2+y^2=4x$，直线 $y=x$ 及 x 轴所围成图形的面积.

5. 计算 $\iint\limits_{D}\dfrac{x+y}{x^2+y^2}\mathrm{d}x\mathrm{d}y$，其中 $D: x^2+y^2\leqslant 1, x+y\geqslant 1$.

第8章 无穷级数

8.1 主要内容

1. 级数收敛、发散及收敛级数的和等概念,级数 $\sum_{n=1}^{\infty} u_n$ 收敛与其部分和数列 $\{s_n\}$ 极限存在是等价的,s_n 可作为收敛级数的和 s 的近似值,所产生的误差为余项的绝对值 $|r_n|$.

2. 级数 $\sum_{n=1}^{\infty} u_n$ 收敛的必要条件是 $\lim_{n \to \infty} u_n = 0$,仅满足 $\lim_{n \to \infty} u_n = 0$ 并不能断定级数 $\sum_{n=1}^{\infty} u_n$ 收敛,但若 $\lim_{n \to \infty} u_n \neq 0$,可判定级数发散.

3. 级数的性质:

(1) 若 $\sum_{n=1}^{\infty} u_n = s$,则有 $\sum_{n=1}^{\infty} k u_n = ks$;

(2) 若 $\sum_{n=1}^{\infty} u_n = s, \sum_{n=1}^{\infty} v_n = \sigma$,则有 $\sum_{n=1}^{\infty} (u_n \pm v_n) = s \pm \sigma$;

(3) 收敛级数各项之间不因插入括号而改变其和,由此不难推出,若加括号后所成级数发散,则原来级数也发散,但要注意,加括号后的级数收敛,去括号后的级数并不一定收敛;

(4) 级数不因添入或删去有限项而改变其收敛性.

4. 几何级数(等比级数)和 p - 级数的收敛性:

(1) 几何级数.

$$\sum_{n=0}^{\infty} aq^n \begin{cases} 当 |q| < 1 \text{ 时,收敛} \\ 当 |q| \geq 1 \text{ 时,发散} \end{cases}$$

其中 $a \neq 0$,q 为公比.

(2) p - 级数.

$$\sum_{n=1}^{\infty} \frac{1}{n^p} \begin{cases} 当 p > 1 \text{ 时,} \quad 收敛 \\ 当 0 < p \leq 1 \text{ 时,发散} \end{cases}$$

5. 判定正项(或同号)级数收敛性的比较审敛法、极限审敛法、比值审敛法;会用根值审敛法.注意当比值审敛法和根值审敛法判定失效时,可利用比较审敛法或极限审敛法.在使用比较审敛法时,几何级数及 p - 级数常被用作比较的标准级数.

6. 交错级数的莱布尼茨审敛法.

7. 级数绝对收敛和条件收敛的概念.

8. 函数项级数的收敛域与和函数的概念.

9. 幂级数 $\sum_{n=0}^{\infty} a_n x^n$ 的收敛半径及收敛域的求法.关于幂级数的收敛半径有如下定理:

对于幂级数 $\sum_{n=0}^{\infty} a_n x^n$，若 $\lim_{n \to \infty} \left| \frac{a_{n+1}}{a_n} \right| = \rho$，则该幂级数的收敛半径

$$R = \begin{cases} \frac{1}{\rho}, & \rho \neq 0 \\ +\infty, & \rho = 0 \\ 0, & \rho = +\infty \end{cases}$$

当 $R = +\infty$ 时，幂级数收敛区间为 $(-\infty, +\infty)$；

当 $R = 0$ 时，幂级数只在 $x = 0$ 处收敛；

当 $R = \frac{1}{\rho}$ 时，由幂级数在 $x = \pm R$ 处的收敛性决定它的收敛区间是 $(-R, R)$、$[-R, R)$、$(-R, R]$ 或 $[-R, R]$.

10.幂级数在其收敛区间内的一些基本性质：

设幂级数 $\sum_{n=0}^{\infty} a_n x^n$ 的收敛半径为 $R(R > 0)$，那么

(1) 和函数 $s(x)$ 在收敛区间内连续；

(2) 和函数 $s(x)$ 在 $(-R, R)$ 内是可导的，且在 $(-R, R)$ 内有逐项求导公式

$$s'(x) = \left(\sum_{n=0}^{\infty} a_n x^n \right)' = \sum_{n=1}^{\infty} n a_n x^{n-1}$$

逐项求导后所得到的幂级数和原级数有相同的收敛半径；

(3) 和函数 $s(x)$ 在收敛区间内是可积的，且在收敛区间内有逐项积分公式

$$\int_0^x s(x) \mathrm{d}x = \sum_{n=0}^{\infty} \int_0^x a_n x^n \mathrm{d}x = \sum_{n=0}^{\infty} \frac{a_n}{n+1} x^{n+1}$$

逐项积分后所得到的幂级数和原级数有相同的收敛半径.

11.函数 $f(x)$ 在点 x_0 处可展开为泰勒级数

$$f(x_0) + f'(x_0)(x - x_0) + \frac{f''(x_0)}{2!}(x - x_0)^2 + \cdots + \frac{f^{(n)}(x_0)}{n!}(x - x_0)^n + \cdots$$

的充分必要条件是泰勒公式中的余项 $R_n(x) = \frac{f^{(n+1)}(\xi)}{(n+1)!}(x - x_0)^n$ 在 x_0 的某邻域内满足 $\lim_{n \to \infty} R_n(x) = 0$.

12.五个常用函数的麦克劳林展开式，会利用这些展开式将一些简单的函数展开成幂级数.这五个常用函数的幂级数展开式是：

(1) $e^x = 1 + x + \frac{1}{2!} x^2 + \cdots + \frac{1}{n!} x^n + \cdots (-\infty < x < +\infty)$；

(2) $\sin x = x - \frac{1}{3!} x^3 + \frac{1}{5!} x^5 + \cdots + (-1)^n \frac{x^{2n+1}}{(2n+1)!} + \cdots (-\infty < x < +\infty)$；

(3) $\cos x = 1 - \frac{1}{2!} x^2 + \frac{1}{4!} x^4 + \cdots + (-1)^n \frac{x^{2n}}{(2n)!} + \cdots (-\infty < x < +\infty)$；

(4) $\ln(1+x) = x - \frac{1}{2} x^2 + \frac{1}{3} x^3 + \cdots + (-1)^n \frac{1}{n+1} x^{n+1} + \cdots (-1 < x < 1)$；

(5) $(1+x)^m = 1 + mx + \frac{m(m-1)}{2!} x^2 + \cdots + \frac{m(m-1)(m-2)\cdots(m-n+1)}{n!} x^n + \cdots$

$$\begin{cases} \text{当 } m > 0 \text{ 时,} & -1 \leqslant x \leqslant 1 \\ \text{当 } -1 < m < 0 \text{ 时,} & -1 < x \leqslant 1 \\ \text{当 } m \leqslant -1 \text{ 时,} & -1 < x < 1 \end{cases}$$

13.幂级数的运算法则(如相加、相减、逐项求导、逐项积分等)求简单的幂级数的和函数.

8.2 学法建议

1.在判断级数敛散性时,首先判别级数的一般项 u_n 是否趋于零,由级数收敛的必要条件知 $\lim\limits_{n\to\infty} u_n \neq 0$ 时,级数 $\sum u_n$ 收敛;如果 $\lim\limits_{n\to\infty} u_n = 0$,则再用其他的审敛法判断级数是否收敛.

2.根据级数收敛定义将级数的部分和数列给出,利用部分和数列有极限说明级数收敛,反之发散.

3.采用比较判别法(或极限形式)时,应对正项级数的一般项 u_n 进行分析,作适当的放大或缩小,或者确定 u_n 的等价无穷小或同阶无穷小的具体形式,通常选择 p - 级数或几何级数做参考比较,这就需要我们能熟练掌握一些无穷小的等价关系.

(1)对于通项 u_n 为 n 的有理分式函数,可取 p - 级数做参考级数,其中 p 值为分母的最高次数减去分子的最高次数;

(2)记住下列等价关系,能帮助我们比较容易的找到参考级数.

当 $n \to \infty$ 时,有 $\sin\dfrac{1}{n} \sim \dfrac{1}{n}$,$\tan\dfrac{1}{n} \sim \dfrac{1}{n}$,$\arcsin\dfrac{1}{n} \sim \dfrac{1}{n}$,$e^{\frac{1}{n}} \sim 1 + \dfrac{1}{n}$,$\ln(1+\dfrac{1}{n}) \sim \dfrac{1}{n}$,$1-\cos\dfrac{1}{n} \sim \dfrac{1}{2n^2}$ 等.

例如,利用上述等价关系,我们可以容易地知道:

① 正项级数 $\sum\limits_{n=1}^{\infty} \sin\dfrac{1}{n^2}$ 收敛;② 正项级数 $\sum\limits_{n=1}^{\infty} \ln(1+\dfrac{2}{n^3})$ 收敛;③ 正项级数 $\sum\limits_{n=1}^{\infty} \tan\dfrac{3}{n}$ 发散.其他类似的问题也可根据等价关系得出结论.

4.对于正项级数 $\sum\limits_{n=1}^{\infty} U_n$,若一般项 U_n 中含有 $n!$ 项,则首先应采用比值审敛法,若 U_n 为 n 的幂指函数 $[f(n)]^{g(n)}$ 形式时,则应采用根值审敛法.

5.(1)判别任意项级数条件收敛,必须证明两个方面的问题:① 绝对值后的正项级数发散(非绝对收敛);② 任意级数本身收敛.

(2)当交错级数非绝对收敛时,通常我们用布莱尼兹审敛法来判别其条件收敛.

6.在求幂级数的收敛半径时,若级数缺项,则不能直接求收敛半径,可作变量代换.

7.函数 $f(x)$ 展开成幂级数有直接展开法和间接展开法两种.用直接展开法需求出 $f(x)$ 的任意阶导数,还需证明,一般比较麻烦;用间接展开法,就是利用已知的展开式,通过变形、换元等手段或运用代数运算和分析运算(特别是逐项微分和逐项积分)得到 $f(x)$ 的展开式.

8.3 疑难解析

例1 根据定义,判别级数 $\sum_{n=1}^{\infty} \frac{1}{(3n-1)(3n+2)}$ 的敛散性.

分析 由于级数的一般项 $u_n = \frac{1}{(3n-1)(3n+2)} = \frac{1}{3}\left(\frac{1}{3n-1} - \frac{1}{3n+2}\right)$,根据定义,只需判别部分和 $S_n = \sum_{k=1}^{n} u_k$ 是否有极限即可.

解 $S_n = \sum_{k=1}^{n} u_k = \sum_{k=1}^{n} \frac{1}{(3k-1)(3k+2)}$

$= \frac{1}{3}\left(\frac{1}{2} - \frac{1}{5}\right) + \frac{1}{3}\left(\frac{1}{5} - \frac{1}{8}\right) + \frac{1}{3}\left(\frac{1}{8} - \frac{1}{11}\right) + \cdots + \frac{1}{3}\left(\frac{1}{3n-1} - \frac{1}{3n+2}\right)$

$= \frac{1}{3}\left(\frac{1}{2} - \frac{1}{3n+2}\right)$

因为 $\lim_{n\to\infty} S_n = \lim_{n\to\infty} \frac{1}{3}\left(\frac{1}{2} - \frac{1}{3n+2}\right) = \frac{1}{6}$,根据级数的收敛定义知此级数收敛.

例2 判别级数 $\sum_{n=1}^{\infty} \frac{1}{\left(1+\frac{1}{n}\right)^n}$ 的敛散性.

分析 首先判别级数的一般项 u_n 是否趋于零,由级数收敛的必要条件知 $\lim_{n\to\infty} u_n \neq 0$ 时,级数 $\sum_{n=1}^{\infty} u_n$ 收敛;如果 $\lim_{n\to\infty} u_n = 0$,则再用其他的审敛法判断级数是否收敛.

解 由于 $\lim_{n\to\infty} u_n = \lim_{n\to\infty} \frac{1}{\left(1+\frac{1}{n}\right)^n} = \frac{1}{e} \neq 0$,由级数收敛的必要条件知级数 $\sum_{n=1}^{\infty} \frac{1}{\left(1+\frac{1}{n}\right)^n}$ 发散.

小结 判别 u_n 是否趋于零,是首先要采用的措施,是判别级数敛散性的简单而实用的办法.

例3 判别级数 $\sum_{n=1}^{\infty} \frac{\sin^2(n+1)}{n^2}$ 的敛散性.

分析 一般项 $u_n = \frac{\sin^2(n+1)}{n^2}$ 显然趋于零,又知分子 $\sin^2(n+1)$ 当 $n \to \infty$ 时无极限,但有 $0 \leqslant \sin^2(n+1) \leqslant 1$,故可用比较审敛法,选择合适的参照级数 $\sum_{n=1}^{\infty} \frac{1}{n^2}$ 做比较.

解 由于 $\frac{\sin^2(n+1)}{n^2} \leqslant \frac{1}{n^2}$,而由 p - 级数的结论知级数 $\sum_{n=1}^{\infty} \frac{1}{n^2}$ 收敛,根据正项级数的比较审敛法知级数 $\sum_{n=1}^{\infty} \frac{\sin^2(n+1)}{n^2}$ 收敛.

例 4 判别级数 $\sum_{n=1}^{\infty} \dfrac{2n+1}{n^3+n}$ 的敛散性.

分析 显然有 $\lim\limits_{n\to\infty} u_n = \lim\limits_{n\to\infty} \dfrac{2n+1}{n^3+n} = 0$,考虑到该级数的一般项为 n 的有理分式函数,分子的最高次数为 1,分母的最高次数为 3,故取 p - 级数作为参考级数,取 $p = 3-1 = 2$,即采用 $\sum_{n=1}^{\infty} \dfrac{1}{n^2}$ 为参考级数.

解 取级数 $\sum_{n=1}^{\infty} v_n = \sum_{n=1}^{\infty} \dfrac{1}{n^2}$ 作为参考级数,由于 $\lim\limits_{n\to\infty} \dfrac{2n+1}{n^3+n} \Big/ v^n = 2$,且 p - 级数 $\sum_{n=1}^{\infty} \dfrac{1}{n^2}$ 收敛,根据比较判别法的极限形式知级数 $\sum_{n=1}^{\infty} \dfrac{2n+1}{n^3+n}$ 同样收敛.

例 5 判别级数 $\sum_{n=1}^{\infty} \dfrac{n^n}{4^n n!}$ 的敛散性.

分析 此级数 U_n 中含有因式乘积和阶乘 $n!$ 项,故首先应考虑采用比值审敛法.

解 $\rho = \lim\limits_{n\to\infty} \dfrac{U_{n+1}}{U_n} = \lim\limits_{n\to\infty} \dfrac{(n+1)^{n+1}}{4^{n+1}(n+1)!} \Big/ \dfrac{n^n}{4^n n!} = \lim\limits_{n\to\infty} \dfrac{(n+1)^n}{4 n^n} = \lim\limits_{n\to\infty} \dfrac{1}{4}\left(1+\dfrac{1}{n}\right)^n = \dfrac{e}{4} < 1$

根据比值审敛法知此级数收敛.

例 6 判别级数 $\sum_{n=1}^{\infty} \left(1-\dfrac{1}{n}\right)^{n^2}$ 的敛散性.

分析 由于此级数一般项 U_n 为 n 的幂指函数 $[f(n)]^{g(n)}$ 形式,用比值审敛法会比较麻烦,故考虑采用根值审敛法.

解 $\rho = \lim\limits_{n\to\infty} \sqrt[n]{U_n} = \lim\limits_{n\to\infty} \sqrt[n]{\left(1-\dfrac{1}{n}\right)^{n^2}} = \lim\limits_{n\to\infty} \left(1-\dfrac{1}{n}\right)^n = e^{-1} < 1$,根据根值审敛法知此级数收敛.

小结 例 5、例 6 说明,对于正项级数 $\sum_{n=1}^{\infty} U_n$,若一般项 U_n 中含有 $n!$ 项,则首先应采用比值审敛法,若 U_n 为 n 的幂指函数 $[f(n)]^{g(n)}$ 形式,则应采用根值审敛法.

例 7 判别级数 $\sum_{n=3}^{\infty} (-1)^n \dfrac{1}{\ln n}$ 的敛散性.

分析 由于 $|U_n| = \dfrac{1}{\ln n} > \dfrac{1}{n}$,而调和级数 $\sum_{n=1}^{\infty} \dfrac{1}{n}$ 发散,故由比较审敛法知级数 $\sum_{n=3}^{\infty} |U_n|$ 发散,所以下一步需用莱布尼茨审敛法,来确定所给的交错级数 $\sum_{n=3}^{\infty} (-1)^n U_n$ 是否满足条件收敛的两个条件.

解 显然有 $\lim\limits_{n\to\infty} U_n = \lim\limits_{n\to\infty} \dfrac{1}{\ln n} = 0$,下面只需验证级数是否满足 $U_n \geqslant U_{n+1}$ 即可.

由于 $\ln n \leqslant \ln(n+1)$,故有 $\dfrac{1}{\ln n} \geqslant \dfrac{1}{\ln(n+1)}$,即有 $U_n \geqslant U_{n+1}$,根据交错级数的莱布尼茨审敛法,知此级数收敛,且由于非绝对收敛,故此级数为条件收敛.

小结 (1)判别任意项级数条件收敛,必须证明两个方面的问题:①绝对值后的正项级数发散(非绝对收敛);② 任意级数本身收敛.

(2) 当交错级数非绝对收敛时,通常我们用布莱尼兹审敛法来判别其条件收敛.

例 8 判别下列级数的敛散性.

(1) $\sum_{n=1}^{\infty} (-1)^{n-1} \frac{(n+1)!}{n^{n+1}}$;   (2) $\sum_{n=1}^{\infty} (-1)^{n-1} \frac{3^n}{n \times 2^n}$.

分析 本题两个级数都是交错级数(或任意项级数),故首先应确定一般项 u_n 取绝对值后所得正项级数 $\sum_{n=1}^{\infty} |U_n|$ 是否收敛或发散.

解(1)

$$\lim_{n \to \infty} \left| \frac{U_{n+1}}{U_n} \right| = \lim_{n \to \infty} \frac{(n+2)!}{(n+1)^{n+2}} \bigg/ \frac{(n+1)!}{n^{n+1}} = \lim_{n \to \infty} \frac{n+2}{n+1} \left(\frac{n}{n+1} \right)^{n+1}$$

$$= \lim_{n \to \infty} \frac{n+2}{n+1} \cdot \frac{1}{\left(1 + \frac{1}{n}\right)^{n+1}} = \frac{1}{e} < 1$$

由比值审敛法知 $\rho = \frac{1}{e} < 1$,级数 $\sum_{n=1}^{\infty} |U_n|$ 收敛,故原级数绝对收敛.

(2) 设 $U_n = (-1)^{n-1} \frac{3^n}{n \times 2^n}$,则有

$$\lim_{n \to \infty} \left| \frac{U_{n+1}}{U_n} \right| = \lim_{n \to \infty} \frac{3^{n+1}}{(n+1) \times 2^{n+1}} \bigg/ \frac{3^n}{n \times 2^n} = \lim_{n \to \infty} \frac{3}{2} \left(\frac{n}{n+1} \right) = \frac{3}{2} > 1$$

由比值审敛法知 $\rho = \frac{3}{2} > 1$,故 $\sum_{n=1}^{\infty} |U_n|$ 发散,且 $\lim_{n \to \infty} |U_n| \neq 0$,因而 $\lim_{n \to \infty} U_n \neq 0$,所以原级数发散.

小结 如果用比值审敛法或根值审敛法可以判别 $\sum_{n=1}^{\infty} |U_n|$ 的收敛或发散,则立刻得知任意项级数 $\sum_{n=1}^{\infty} U_n$ 的敛散性,这也是判别任意项级数敛散性的方法之一.

例 9 求下列幂级数的收敛域:

(1) $\sum_{n=1}^{\infty} \frac{x^n}{\sqrt{n}}$;   (2) $\sum_{n=1}^{\infty} \frac{x^n}{3^n n!}$;   (3) $\sum_{n=1}^{\infty} n! (x-1)^n$;

(4) $\sum_{n=1}^{\infty} \frac{(x-2)^n}{n \times 4^n}$;   (5) $\sum_{n=1}^{\infty} \frac{(n+1)^2}{2n+1} x^{2n}$.

分析 求幂级数的收敛域的一般方法:先求收敛半径 R,写出收敛区间 $(-R, R)$,当 $x = \pm R$ 时,幂级数 $\sum_{n=1}^{\infty} a_n x^n$ 的敛散性由常数项级数 $\sum_{n=1}^{\infty} a_n (\pm R)^n$ 的敛散性确定,从而得到的收敛域可能是 $(-R, R)$、$[-R, R)$、$(-R, R]$ 或 $[-R, R]$.

解 (1) 因为 $\rho = \lim_{n \to \infty} \left| \frac{a_{n+1}}{a_n} \right| = \lim_{n \to \infty} \frac{\sqrt{n}}{\sqrt{n+1}} = 1$

所以收敛半径 $R = \frac{1}{\rho} = 1$,收敛区间为 $(-1, 1)$.

当 $x=-1$ 时,级数为 $\sum\limits_{n=1}^{\infty}\dfrac{(-1)^n}{\sqrt{n}}$,这是一个收敛的交错级数;当 $x=1$ 时,级数为 $\sum\limits_{n=1}^{\infty}\dfrac{1}{\sqrt{n}}$,这是一个发散的 p - 级数.所以,幂级数的收敛域为 $[-1,1)$.

(2) 因为 $\rho=\lim\limits_{n\to\infty}\left|\dfrac{a_{n+1}}{a_n}\right|=\lim\limits_{n\to\infty}\dfrac{3^n n!}{3^{n+1}(n+1)!}=\lim\limits_{n\to\infty}\dfrac{1}{3(n+1)}=0$

所以收敛半径为 $R=+\infty$,收敛区间为 $(-\infty,+\infty)$,收敛域为 $(-\infty,+\infty)$.

(3) 因为 $\rho=\lim\limits_{n\to\infty}\left|\dfrac{a_{n+1}}{a_n}\right|=\lim\limits_{n\to\infty}\dfrac{(n+1)!}{n!}=+\infty$

所以收敛半径为 $R=0$,级数只在 $x=0$ 处收敛.

(4) 令 $x-2=t$,级数 $\sum\limits_{n=1}^{\infty}\dfrac{(x-2)^n}{n\times 4^n}$ 化为幂级数 $\sum\limits_{n=1}^{\infty}\dfrac{t^n}{n\times 4^n}$.

因为 $\rho=\lim\limits_{n\to\infty}\left|\dfrac{a_{n+1}}{a_n}\right|=\lim\limits_{n\to\infty}\dfrac{4^n n}{4^{n+1}(n+1)}=\lim\limits_{n\to\infty}\dfrac{n}{4(n+1)}=\dfrac{1}{4}$

所以收敛半径为 $R=4$,即当 $|x-2|<4$ 时,级数 $\sum\limits_{n=1}^{\infty}\dfrac{(x-2)^n}{n\times 4^n}$ 收敛,从而收敛区间为 $(-2,6)$.

当 $x=-2$ 时,级数为 $\sum\limits_{n=1}^{\infty}\dfrac{(-1)^n}{n}$ 是收敛的;当 $x=6$ 时,级数为 $\sum\limits_{n=1}^{\infty}\dfrac{1}{n}$ 是发散的.所以收敛域为 $[-2,6)$.

(5) 令 $x^2=t$,级数 $\sum\limits_{n=1}^{\infty}\dfrac{(n+1)^2}{2n+1}x^{2n}$ 化为关于 t 的幂级数 $\sum\limits_{n=1}^{\infty}\dfrac{(n+1)^2}{2n+1}t^n$,因为

$$\rho=\lim\limits_{n\to\infty}\left|\dfrac{a_{n+1}}{a_n}\right|=\lim\limits_{n\to\infty}\dfrac{(n+2)^2}{2n+3}\cdot\dfrac{(2n+1)}{(n+1)^2}=1$$

所以 $\sum\limits_{n=1}^{\infty}\dfrac{(n+1)^2}{2n+1}t^n$ 的收敛半径为 $R=1$,即当 $x^2<1$ 时,级数 $\sum\limits_{n=1}^{\infty}\dfrac{(n+1)^2}{2n+1}x^{2n}$ 收敛,从而收敛区间为 $(-1,1)$.当 $x=\pm 1$ 时,级数为 $\sum\limits_{n=1}^{\infty}\dfrac{(n+1)^2}{2n+1}$ 是发散的.所以收敛域为 $(-1,1)$.

小结 级数缺奇次项,不能直接求收敛半径,可作变量代换.

例 10 (1) 求级数 $\sum\limits_{n=0}^{\infty}\dfrac{x^{2n+1}}{2n+1}(|x|<1)$ 的和函数,并求 $\sum\limits_{n=0}^{\infty}\dfrac{1}{2n+1}\left(\dfrac{1}{2}\right)^{2n}$ 的值;

(2) 求级数 $\sum\limits_{n=1}^{\infty}nx^{n-1}$ 的收敛域及和函数,并求 $\sum\limits_{n=1}^{\infty}\dfrac{n}{2^n}$ 的值.

解 (1) 设级数 $\sum\limits_{n=0}^{\infty}\dfrac{1}{2n+1}x^{2n+1}$ 和函数为 $S(x)$,即

$$S(x)=\sum\limits_{n=0}^{\infty}\dfrac{1}{2n+1}x^{2n+1}$$

因为 $S'(x)=\sum\limits_{n=0}^{\infty}x^{2n}=1+x^2+x^4+\cdots+x^{2n}+\cdots=\dfrac{1}{1-x^2}$

所以
$$\int_0^x S'(x)\mathrm{d}x = \int_0^x \frac{1}{1-x^2}\mathrm{d}x = \frac{1}{2}\ln\frac{1+x}{1-x}$$
$$S(x) = \frac{1}{2}\ln\frac{1+x}{1-x} \quad (-1<x<1)$$

将 $x=\frac{1}{2}$ 代入上式,得 $\sum_{n=0}^\infty \frac{1}{2n+1}\left(\frac{1}{2}\right)^{2n+1} = \frac{1}{2}\ln\frac{1+\frac{1}{2}}{1-\frac{1}{2}} = \frac{1}{2}\ln 3$

即
$$\frac{1}{2}\sum_{n=0}^\infty \frac{1}{2n+1}\left(\frac{1}{2}\right)^{2n} = \frac{1}{2}\ln 3$$

所以
$$\sum_{n=0}^\infty \frac{1}{2n+1}\left(\frac{1}{2}\right)^{2n} = \ln 3$$

(2) 因为 $\rho = \lim_{n\to\infty}\left|\frac{a_{n+1}}{a_n}\right| = \lim_{n\to\infty}\frac{(n+1)}{n} = 1$,所以收敛半径 $R=1$,收敛区间为 $(-1,1)$.

当 $x=\pm 1$ 时,级数都发散,所以,幂级数的收敛域为 $(-1,1)$.

设级数 $\sum_{n=1}^\infty nx^{n-1}$ 的和函数为 $S(x)$,即
$$S(x) = \sum_{n=1}^\infty nx^{n-1}$$

因为
$$\int_0^x S(x)\mathrm{d}x = \int_0^x \left(\sum_{n=1}^\infty nx^{n-1}\right)\mathrm{d}x = \sum_{n=1}^\infty \int_0^x nx^{n-1}\mathrm{d}x = \sum_{n=1}^\infty x^n = \frac{x}{1-x}$$

所以
$$S(x) = \left(\frac{x}{1+x}\right)' = \frac{1}{(1-x)^2} \quad (-1<x<1)$$

将 $x=\frac{1}{2}$ 代入上式,得
$$\sum_{n=1}^\infty n\left(\frac{1}{2}\right)^{n-1} = \frac{1}{\left(1-\frac{1}{2}\right)^2} = 4$$

即
$$\sum_{n=1}^\infty \frac{n}{2^n} = \frac{1}{2}\sum_{n=1}^\infty \frac{n}{2^{n-1}} = \frac{1}{2}\times 4 = 2$$

例 11 (1) 把函数 $f(x) = \frac{1}{x}$ 展开成 $x-3$ 的幂级数;

(2) 把函数 $f(x) = x\arctan x - \ln\sqrt{1+x^3}$ 展开成 x 的幂级数.

分析 函数 $f(x)$ 展开成幂级数有直接展开法和间接展开法两种.用直接展开法需求出 $f(x)$ 的任意阶导数,还需证明,一般比较麻烦.用间接展开法,就是利用已知的展开式,通过变形、换元等手段或运用代数运算和分析运算(特别是逐项微分和逐项积分)得到 $f(x)$ 的展开式.

解 $(1) f(x) = \dfrac{1}{x} = \dfrac{1}{3+(x-3)} = \dfrac{1}{3} \times \dfrac{1}{1-\left(-\dfrac{x-3}{3}\right)} = \dfrac{1}{3} \sum_{n=0}^{\infty} (-1)^n \left(\dfrac{x-3}{3}\right)^n \quad \left|\dfrac{x-3}{3}\right| < 1$

即 $f(x) = \dfrac{1}{3} \sum_{n=0}^{\infty} (-1)^n \left(\dfrac{x-3}{3}\right)^n, x \in (0,6)$.

$(2) f'(x) = \arctan x + \dfrac{x}{1+x^2} - \dfrac{1}{\sqrt{1+x^2}} \cdot \dfrac{2x}{2\sqrt{1+x^2}} = \arctan x$

$$f''(x) = \dfrac{1}{1+x^2} = \sum_{n=0}^{\infty} (-1)^n x^{2n}$$

$$f'(x) = \int_0^x f''(x) \mathrm{d}x = \int_0^x \sum_{n=0}^{\infty} (-1)^n x^{2n} \mathrm{d}x = \sum_{n=0}^{\infty} (-1)^n \dfrac{x^{2n+1}}{2n+1}$$

$$f(x) = \int_0^x f'(x) \mathrm{d}x = \int_0^x \sum_{n=0}^{\infty} (-1)^n \dfrac{x^{2n+1}}{2n+1} \mathrm{d}x = \sum_{n=0}^{\infty} (-1)^n \dfrac{x^{2n+2}}{(2n+1)(2n+2)} \quad |x| \leqslant 1$$

8.4 习题

8.4.1 无穷级数的概念与性质

(一) 填空题

1. $\dfrac{2}{1} - \dfrac{3}{2} + \dfrac{4}{3} - \dfrac{5}{4} + \cdots$,则 $a_n =$ _____ ；

2. $\dfrac{\sqrt{x}}{2} + \dfrac{x}{2 \times 4} + \dfrac{x\sqrt{x}}{2 \times 4 \times 6} + \dfrac{x^2}{2 \times 4 \times 6 \times 8} + \cdots$,则 $a_n =$ _____ .

3. $\dfrac{1}{3} + \dfrac{1}{\sqrt{3}} + \dfrac{1}{\sqrt[3]{3}} + \dfrac{1}{\sqrt[4]{3}} + \cdots$,则 $a_n =$ _____ ；

   因为 $\lim\limits_{n \to \infty} a_n =$ _____ ,所以级数 _____ （收敛,发散）.

4. $\dfrac{3}{2} + \dfrac{3^2}{2^2} + \dfrac{3^3}{2^3} + \dfrac{3^4}{2^4} + \cdots$,则 $a_n =$ _____ ；

   因为 $\lim\limits_{n \to \infty} a_n =$ _____ ,所以级数 _____ （收敛,发散）.

(二) 求出下列级数的前 n 项部分和 S_n,并用定义判别其敛散性

1. $\sum\limits_{n=1}^{\infty} (\sqrt{n+1} - \sqrt{n})$ ；

2. $\sum\limits_{n=1}^{\infty} \dfrac{1}{(3n-2)(3n+1)}$ ；

3. $\sum\limits_{n=1}^{\infty} \ln \dfrac{n+1}{n}$.

(三)判别下列级数的敛散性

1. $\dfrac{8}{9} + \dfrac{8^2}{9^2} + \dfrac{8^3}{9^3} + \dfrac{8^4}{9^4} + \cdots$;

2. $\dfrac{1}{2} + \dfrac{1}{4} + \cdots + \dfrac{1}{2^n} + \cdots$;

3. $\dfrac{1}{10} + \dfrac{1}{20} + \cdots + \dfrac{1}{10n} + \cdots$.

(四)判别下列级数的敛散性,并求出其中收敛级数的和

1. $\sum\limits_{n=1}^{\infty} \dfrac{3+(-1)^n}{2^n}$;

2. $\sum\limits_{n=2}^{\infty} \ln \dfrac{n^2-1}{n^2}$;

3. $-\dfrac{2}{3} + \dfrac{2^2}{3^2} - \dfrac{2^3}{3^3} + \dfrac{2^4}{3^4} - \cdots + (-1)^n \dfrac{2^n}{3^n} + \cdots$.

8.4.2 正项级数及其审敛法

(一)多项选择题

1. 下列正项级数发散的是( ).

(A) $\sum\limits_{n=1}^{\infty} \dfrac{1}{2n-1}$ (B) $\sum\limits_{n=1}^{\infty} \dfrac{1+n}{1+n^2}$ (C) $\sum\limits_{n=1}^{\infty} \dfrac{1}{(n+1)(n+4)}$ (D) $\sum\limits_{n=1}^{\infty} \sin \dfrac{\pi}{2^n}$

2.由比值判别法可知下列级数收敛的是( ).

(A) $\sum_{n=1}^{\infty} \frac{n^2}{3^n}$ (B) $\sum_{n=1}^{\infty} \frac{3^n n!}{n^n}$ (C) $\sum_{n=1}^{\infty} \frac{3^n}{2^n \cdot n}$

3.由根值判别法可知下列级数收敛的是( ).

(A) $\sum_{n=1}^{\infty} \left(\frac{n}{2n+1}\right)^n$ (B) $\sum_{n=1}^{\infty} \frac{1}{(\ln(n+1))^n}$ (C) $\sum_{n=1}^{\infty} \left(\frac{n}{3n-1}\right)^{2n-1}$

(二) 单项选择题

1.下列级数条件收敛的是( ).

(A) $\sum_{n=1}^{\infty} (-1)^n \ln\left(1+\frac{1}{n^2}\right)$ (B) $\sum_{n=1}^{\infty} (-1)^n \sin\frac{1}{n}$

(C) $\sum_{n=1}^{\infty} (-1)^n \cos\frac{1}{n}$ (D) $\sum_{n=1}^{\infty} \ln\frac{1+n}{n}$

2.设 a 为常数,则级数 $\sum_{n=1}^{\infty} (-1)^n \left(1-\cos\frac{a}{n}\right)$ 必( ).

(A) 发散 (B) 绝对收敛

(C) 条件收敛 (D) 敛散性与 a 有关

(三) 判别下列级数的敛散性

1. $\sum_{n=1}^{\infty} \frac{n+1}{n(n+2)}$;

2. $\sum_{n=1}^{\infty} 2^n \sin\frac{\pi}{3^n}$;

3. $\sum_{n=1}^{\infty} \frac{1}{n\sqrt{n+1}}$;

4. $\sum_{n=1}^{\infty} \frac{3^n}{n \times 2^n}$;

5. $1 + \frac{5}{2!} + \frac{5^2}{3!} + \frac{5^3}{4!} + \cdots$;

6. $\sum_{n=1}^{\infty} \frac{n^2}{\left(2+\frac{1}{n}\right)^n}$.

(四) 判别下列级数的敛散性,如果收敛,是绝对收敛还是条件收敛

1. $\sum\limits_{n=1}^{\infty} (-1)^n \dfrac{1}{n^{\frac{1}{2}}}$;

2. $\sum\limits_{n=1}^{\infty} (-1)^n \dfrac{1}{n^{\frac{3}{2}}}$;

3. $\sum\limits_{n=1}^{\infty} (-1)^{n-1} \dfrac{n}{3^{n-1}}$;

4. $\sum\limits_{n=1}^{\infty} (-1)^{n-1} \dfrac{1}{(2n-1)^3}$;

5. $\sum\limits_{n=1}^{\infty} \dfrac{(-1)^{n-1}}{n^p}, (p>0)$;

6. $\sum\limits_{n=1}^{\infty} (-1)^n \dfrac{n^{n+1}}{(n+1)!}$.

8.4.3 幂级数

(一) 填空题:写出下列幂级数的收敛半径和收敛域

1. $\sum\limits_{n=1}^{\infty} (-1)^n \dfrac{x^n}{n^2}$ 的收敛半径 $R=$ _____,收敛域为 _____.

2. $\sum\limits_{n=1}^{\infty} \dfrac{x^n}{(2n)!}$ 的收敛半径 $R=$ _____,收敛域为 _____.

3. $\sum\limits_{n=1}^{\infty} \dfrac{2n-1}{2^n} x^{2n-2}$ 的收敛半径 $R=$ _____,收敛域为 _____.

4. 若 $\sum\limits_{n=1}^{\infty} a_n (x-1)^n$ 在 $x=-1$ 处收敛,则此级数在 $x=2$ 处 _____(发散,收敛,绝对收敛,敛散性不能确定).

5. 若幂级数 $\sum\limits_{n=1}^{\infty} c_n x^n$ 和 $\sum\limits_{n=1}^{\infty} n c_n x^{n-1}$ 的收敛半径分别是 R_1 和 R_2,则 R_1 和 R_2 的大小关系是 R_1 _____ $R_2 (\leqslant, \geqslant, =)$.

6. 若幂级数 $\sum\limits_{n=1}^{\infty} a_n (x+1)^n$ 在 $x=3$ 处条件收敛,则此级数的收敛半径 $R=$ _____.

(二) 求下列幂级数的收敛域

1. $\sum_{n=1}^{\infty} \dfrac{(x-5)^n}{\sqrt{n}}$;

2. $\sum_{n=0}^{\infty} \dfrac{2^{n+1}}{\sqrt{n+1}} x^n$;

3. $\sum_{n=1}^{\infty} \dfrac{(x-1)^{2n}}{n \times 9^n}$;

4. $\sum_{n=1}^{\infty} (-1)^n \dfrac{x^{2n+1}}{2n+1}$.

(三) 利用逐项求导或逐项积分,求下列幂级数在收敛域内的和函数

1. $\sum_{n=0}^{\infty}(n+1)x^n \quad (-1<x<1)$;

2. $\sum_{n=1}^{\infty} \dfrac{x^{4n+1}}{4n+1} \quad (-1<x<1)$.

3. $x + \dfrac{x^3}{3} + \dfrac{x^5}{5} + \cdots \quad (-1<x<1)$, 并求级数 $\sum_{n=1}^{\infty} \dfrac{1}{(2n-1)2^n}$ 的和.

8.4.4 函数展开成幂级数,幂级数的应用

(一) 填空题:利用已知函数展开式将下列函数展开成 x 的幂级数,并求展开式成立的区域

1. $\cos 2x = $ _____ ,收敛域 _____ .
2. $\ln(a+x)(a>0) = $ _____ ,收敛域 _____ .
3. $a^x (a>0, a \neq 1) = $ _____ ,收敛域 _____ .

(二) 计算题

1. 将函数 $s = \ln\sqrt{\dfrac{1+t}{1-t}}$ 展开成 t 的幂级数,并求展开式成立的区域.

2. 将函数 $f(t) = \lg t$ 展开成 $t-1$ 的幂级数,并求展开式成立的区域.

3. 将函数 $f(x) = \dfrac{1}{x^2+3x+2}$ 展开成 $(x+4)$ 的幂级数,并求展开式成立的区域.

4. 将函数 $y = \ln(1+x-2x^2)$ 展开成 x 的幂级数,并求展开式成立的区域.

8.4.5 综合练习

(一) 填空题

1. $\sum\limits_{n=1}^{\infty} 4(x+1)^n$ 的收敛域是 _____.

2. 设常数 $k>0$,则级数 $\sum\limits_{n=1}^{\infty}(-1)^n \dfrac{k+n}{n^2}$ _____ (发散,条件收敛,绝对收敛,敛散性与 k 有关).

3. $\sum\limits_{n=0}^{\infty}(-1)^n \dfrac{(x-1)^n}{3^n \cdot \sqrt{n+1}}$ 的收敛域是 _____.

(二) 计算题

1. 求下列级数的和.

(1) $\sum_{n=1}^{\infty}\left(\dfrac{2^{n+1}}{3^{n-1}}-\dfrac{4}{4n^2-1}\right)$;

(2) $\sum_{n=1}^{\infty}\left(\int_0^1 x^2(1-x)^n\,\mathrm{d}x\right)$ (提示,令 $t=1-x$).

2. 判断下列级数的敛散性.

(1) $\sum_{n=1}^{\infty}(\sqrt[n]{2}-1)$;   (2) $\sum_{n=1}^{\infty}\dfrac{\ln n}{2^n}$.

3. 求下列幂级数的收敛域的和函数.

(1) $\sum_{n=1}^{\infty}\dfrac{1}{n(n+1)}x^n$;   (2) $\sum_{n=0}^{\infty}(n+1)\left(\dfrac{\mathrm{e}^{-x}}{n!}\right)x^n$.

4. 把函数 $f(x)=\dfrac{1}{(1-x)^2}$ 展开成 x 的幂级数,并指出其收敛域.

5. 把函数 $f(x)=x\arctan x-\dfrac{1}{2}\ln(1+x^2)$ 展开成 x 的幂级数,并求 $\sum_{n=0}^{\infty}\dfrac{(-1)^n}{(2n+1)(2n+2)}$ 的和.

第 9 章　微分方程

微分方程的起源与研究几何学、力学、物理等方面的问题有着密切联系,它的理论与方法几乎是与微积分学同时发展起来的,微分方程在当代已经扩展到生物学、农业、环境保护及经济学等很多领域,内容丰富多彩,在生产实践和工程技术中都有广泛的应用.

学习本章应在理解微分方程的一般概念的基础上,掌握一些常见类型的微分方程的解法,了解用微分方程解决实际问题的步骤,并能解一些几何、物理、力学等方面的实际问题.

9.1　主要内容

1.微分方程基本概念

微分方程指描述未知函数的导数与自变量之间的关系的方程.微分方程的解是一个符合方程的函数.而在初等数学的代数方程,其解是常数值.

2.可分离变量的微分方程

形如 $\dfrac{\mathrm{d}y}{\mathrm{d}x}=\dfrac{f(x)}{g(y)}$ 的微分方程称为可分离变量的微分方程.

求解可分离变量的微分方程的方法:

(1)将方程分离变量得到:$g(y)\mathrm{d}y=f(x)\mathrm{d}x$;

(2)等式两端求积分,得通解:$\int g(y)\mathrm{d}y=\int f(x)\mathrm{d}x+C$.

3.齐次微分方程

(1)所含各项关于未知数具有相同次数的方程,例如 $\dfrac{y}{x}+\dfrac{x}{y}+C=1$ 等,它们的左端,都是未知数的齐次函数或齐次多项式.

(2)右端为零的方程(组)亦称为齐次方程(组),例如线性齐次(代数)方程组、齐次微分方程等.

4.一阶线性微分方程

形如 $y'+P(x)y=Q(x)$ 的微分方程称为一阶线性微分方程,$Q(x)$ 称为自由项.一阶,指的是方程中关于 y 的导数是一阶导数;线性,指的是方程简化后的每一项关于 y、y' 的次数为 0 或 1.

5. 全微分方程

若微分形式的一阶方程 $P(x,y)dx+Q(x,y)dy=0$ 的左端恰好是一个二元函数 $U(x,y)$ 的全微分，即
$$dU(x,y)=P(x,y)dx+Q(x,y)dy$$
则称 $P(x,y)dx+Q(x,y)dy=0$ 为全微分方程或恰当微分方程. 显然，这时该方程的通解为 $U(x,y)=C$（C 是任意常数）.

6. 二阶常系数齐次线性微分方程

形如 $y''+py'+qy=f(x)$ 的微分方程称为二阶常系数线性微分方程，与其对应的二阶常系数齐次线性微分方程为 $y''+py'+qy=0$，其中 p、q 是实常数.

若函数 y_1 和 y_2 之比为常数，称 y_1 和 y_2 是线性相关的；

若函数 y_1 和 y_2 之比不为常数，称 y_1 和 y_2 是线性无关的.

特征方程为 $r^2+pr+q=0$；然后根据特征方程根的情况对方程求解.

9.2 学法建议

(1) 了解微分方程的基本概念：阶、解、通解、特解和初值条件等.

(2) 能熟练识别变量可分离的方程、齐次微分方程、一阶线性微分方程、伯努利微分方程等四种类型的微分方程，并掌握它们的解法. 从中领会变量代换（因变量的代换或自变量的代换）的方法把待解方程化为变量可分离的方程，然后积分求解的思想.

(3) 理解全微分方程的通解公式. 了解积分因子的概念，并能观察出一些简单的微分方程的积分因子. 掌握用积分因子求解一阶线性微分方程的方法.

(4) 初步了解用微分方程解决实际问题的三个主要步骤：

① 建立微分方程；

② 确定定解条件（即初值条件或边值条件）；

③ 求解方程.

(5) 掌握下列三种特殊的高阶微分方程 $y''=f(x)$，$y''=f(x,y')$ 和 $y''=f(y,y')$ 的降阶法.

(6) 理解二阶线性微分方程解的结构.

(7) 熟练掌握二阶常系数齐次线性微分方程的解法（特征根法）.

(8) 掌握二阶常系数非齐次线性微分方程自由项为
$$f(x)=e^{\lambda x}P_m(x)$$
$$f(x)=e^{\lambda x}[P_l(x)\cos\omega x+P_m(x)\sin\omega x]$$
的解法（待定系数法），其中 λ、ω 为实数，$P_m(x)$、$P_l(x)$、$P_n(x)$ 分别为 m、l、n 次多项式.

(9) 知道微分方程幂级数解法、欧拉方程的解法和常系数线性微分方程组的解法.

(10) 掌握用微分方程解决实际问题的三个主要步骤：

① 分析题意建立微分方程；

②确定初值条件(或边值条件);

③根据方程类型求解方程.

(11) 会通过分析题意,确定哪些是已知量,哪些是未知量,并从中找出关系;对一些简单问题,会用几何知识、物理知识和微小增量分析法列出方程.

(12) 要逐步掌握从某一局部状态寻找未知量的变化率与各个变量和已知量的相互关系及变量间所服从的规律来建立微分方程的方法.

9.3 疑难解析

1. 求解微分方程 $(1+e^{\frac{x}{y}})dx + e^{\frac{x}{y}}\left(1-\frac{x}{y}\right)dy = 0$.

解 令 $x = yt$,则 $dx = ydt + tdy$,原方程可变换为
$$(1+e^t)(tdy + ydt) + e^t(1-t)dy = 0$$

即
$$-\frac{dy}{y} = \frac{1+e^t}{t+e^t}dt$$

解得 $y = \dfrac{c}{t+e^t}$,将 $x = yt$ 代入可得 $x + ye^{\frac{x}{y}} = c$.

2. 求解微分方程 $\sqrt{1+x^2}\, y' \sin 2y = 2x \sin^2 y + e^{2\sqrt{1+x^2}}$.

解 令 $\sin^2 y = t$,又 $y'\sin 2y = 2\sin y\cos y \cdot y' = (\sin^2 y)'$,则原方程式可变换为
$$t' - \frac{2x}{\sqrt{1+x^2}}t = \frac{e^{2\sqrt{1+x^2}}}{\sqrt{1+x^2}}$$

解其对应的齐次方程,可得 $t = ce^{2\sqrt{1+x^2}}$.

令 $t = c(x)e^{2\sqrt{1+x^2}}$ 为原方程的解,代入方程有
$$c'(x)e^{2\sqrt{1+x^2}} = \frac{e^{2\sqrt{1+x^2}}}{\sqrt{1+x^2}}$$

解得
$$c(x) = \ln\left|x + \sqrt{1+x^2}\right| + c$$

所以
$$\sin^2 y = e^{2\sqrt{1+x^2}}\ln\left|x + \sqrt{1+x^2}\right| + c$$

3. 求解方程 $2y'' + (y')^2 = y$,$y(0) = 2$,$y'(0) = 1$.

解 令 $y' = p$,$y'' = p\dfrac{dp}{dy}$,则原方程可变换为
$$2p\frac{dp}{dy} + p^2 = y$$

令 $p^2 = z$,则原方程又可变换为
$$\frac{dz}{dy} + z = y$$

解此方程可得
$$z = (y')^2 = (y-1) + c_1 e^{(-y)}$$

当 $y = 2$ 时,$y' = 1$,可得 $c_1 = 0$.

则
$$y' = \sqrt{y-1} \Rightarrow 2\sqrt{y-1} = x + c_2$$

又 $y(0)=2$,可得 $c_2=0$,所以 $\sqrt{y-1}=\frac{1}{2}x+1$.

4.一质量为 m 的物体,在黏性液体中由静止自由下落,假如液体阻力与运动速度成正比,试求物体运动的规律.

解 物体受到的重力为 mg,阻力为 $-kv$,则 $-kv+mg=ma$,其中 $v=\frac{\mathrm{d}x}{\mathrm{d}t},a=\frac{\mathrm{d}^2x}{\mathrm{d}t^2}$,则方程式变为 $mx''+kx'=mg$.

令 $x'=p,x''=p'$,则方程式变化为 $p'+\frac{k}{m}p=g$.

解其对应的齐次方程,可得 $p(t)=c\mathrm{e}^{-\frac{k}{m}t}$.

令 $p(t)=c(t)\mathrm{e}^{-\frac{k}{m}t}$ 为原方程的解,代入方程有 $c'(t)\mathrm{e}^{-\frac{k}{m}t}=g$.

解得 $c(t)=\frac{mg}{k}\mathrm{e}^{\frac{k}{m}t}+c_1$,所以 $x'=p=\frac{mg}{k}+c_1\mathrm{e}_1^{-\frac{k}{m}t}$.

又 $v(0)=x'(0)=0$,则

$$c_1=-\frac{mg}{k},x=\frac{mg}{k}t+c_1\left(-\frac{m}{k}\right)\mathrm{e}^{-\frac{k}{m}t}+c_2.$$

又 $x(0)=0$,则 $c_2=-\left(\frac{m}{k}\right)^2g$.

5.有一盛满水的圆锥形漏斗,高 10 cm,顶角 $\alpha=60°$,漏斗尖处有面积为 0.5 cm² 的小孔,求水流出时漏斗内水深的变化规律,并求出全部流出所需要的时间.

解 从时刻 t 到 $t+\mathrm{d}t$ 小孔流出的水量为

$$Q_1=s\cdot v\cdot\mathrm{d}t=0.5\times0.6\times\sqrt{2gh}\,\mathrm{d}t=0.3\times\sqrt{2gh}\,\mathrm{d}t$$

在此时间内,液面由 h 降至 $h+\mathrm{d}h$,($\mathrm{d}h<0$),水量减少为 $Q_2=-\pi\left(\frac{\sqrt{3}}{3}h\right)^2\mathrm{d}h$.

由题意可知 $Q_1=Q_2$,则 $0.3\times\sqrt{2gh}\,\mathrm{d}t=-\pi\left(\frac{\sqrt{3}}{3}h\right)^2\mathrm{d}h$,且当 $t=0$ 时,$h=10$ cm.

所以方程为 $\begin{cases}-\frac{\pi}{3}h^2\mathrm{d}h=0.3\sqrt{2gh}\,\mathrm{d}t\\ h(0)=10\end{cases}$.

当水全部流出时,$h=0,t\approx10$ s.

9.4 习题

9.4.1 微分方程的基本概念 可分离变量的微分方程

(一)选择题

1.微分方程 $x^2y''-xy'+y=0$ 的阶数是( ).

2.微分方程 $x(y')^4+y=0$ 的阶数是( ).

3.微分方程 $7x\mathrm{d}x+6y\mathrm{d}y=0$ 的阶数是( ).

4.微分方程 $\dfrac{\mathrm{d}r}{\mathrm{d}t}+r=\sin t$ 的阶数是( ).

5.微分方程 $xy(y''')^4+x^2y'=0$ 的阶数是( ).
(A)一阶 (B)二阶 (C)三阶 (D)四阶

(二)计算题

1.求微分方程 $(e^{x+y}+e^x)\mathrm{d}x+(e^{x+y}-e^y)\mathrm{d}y=0$ 的通解.

2.求微分方程 $x(1+x)\mathrm{d}x-y(1+y)\mathrm{d}y=0$ 满足 $y\big|_{x=0}=1$ 的特解.

3.求微分方程 $(1+y^2)\mathrm{d}x-x(1+x)y\mathrm{d}y=0$ 的通解.

4.求下列方程满足初始条件的解.
(1) $y'\sin x=y\ln y, y\big|_{x=\frac{\pi}{3}}=e$.

(2) $y\mathrm{d}x+x^2\mathrm{d}y-4\mathrm{d}y=0, y\big|_{x=4}=2$.

(3) $\dfrac{\mathrm{d}y}{\mathrm{d}x}=(1-y^2)\tan x, y(0)=2$.

5.设 $\displaystyle\int_0^x xy\mathrm{d}x=y^2$,求 $y(x)$.

6. 一曲线通过点 $(2,3)$，它在两坐标轴间的任意切线段均被切点所平分，求这个曲线方程.

7. 镭的衰变与它的现存量 R 成正比，经过 1600 年后，只剩下原始量 R_0 的一半，试求镭的现存量 R 与时间的函数关系.

8. 一曲线通过点 $(1,2)$，且该曲线上任意一点 $P(x,y)$ 处的切线斜率等于该点的横坐标平方的 3 倍，求此曲线的方程.

9. 已知曲线 $y=f(x)$ 过点 $\left(0,-\dfrac{1}{2}\right)$，且其上任一点 (x,y) 处的切线斜率为 $x\ln(1+x^2)$，求曲线方程.

9.4.2　一阶线性微分方程

(一)填空题

1. 写出下列微分方程的通解.

$y'=\dfrac{y}{x}+\tan\dfrac{y}{x}$ 的通解为＿＿＿＿＿；

$xy'=y(1+\ln y-\ln x)$ 的通解为＿＿＿＿＿.

2. 将下列微分方程表示成一阶线性微分方程的标准形式(可直接代通解公式的形式).

$(t+x)\mathrm{d}t+t\mathrm{d}x=0$ 可化为＿＿＿＿＿；

$y\ln y\mathrm{d}x+(x-\ln y)\mathrm{d}y=0$ 可化为＿＿＿＿＿.

(二)计算题

1. 求下列微分方程满足所给初始条件的特解.

(1) $xyy'=x^2+y^2, y\big|_{x=1}=2$；

(2) $x(x+1)y' - y - x(x+1) = 0, y(1) = 0$;

(3) $xy' - y = \sqrt{x^2 + y^2}, y(1) = 0$;

(4) $yx' + x - e^y = 0, x(1) = e$;　　(5) $\begin{cases} \dfrac{dy}{dx} = 3(x-1)2(1+y^2) \\ y|_{x=0} = 1 \end{cases}$.

2. 求下列方程的通解.
(1) $y' + y\cos x = e^{-\sin x}\ln x$;　　(2) $xdy - ydx = (1+y^2)dy$;

(3) $xdy - [y + xy^3(1+\ln x)]dx = 0$;　　(4) $ydx + (x^2 - 4x)dy = 0$.

3. 设有连接点 $O(0,0)$ 和 $A(1,1)$ 的一段向上凸的曲线弧 $\overset{\frown}{OA}$, 对于 $\overset{\frown}{OA}$ 上任意一点 $P(x, y)$, 曲线弧 $\overset{\frown}{OP}$ 与直线段 $\overline{OP}$ 所围图形的面积为 x^2, 求曲线弧 $\overset{\frown}{OA}$ 的方程.

4. 求一曲线方程, 这曲线通过原点, 并且它在点 (x, y) 处的切线斜率等于 $2x + y$.

5.求微分方程 $\dfrac{dy}{dx}=2xy$ 的通解.

6.求微分方程 $x(1+y^2)dx-(1+x^2)ydy=0$ 的通解.

7.求微分方程 $\dfrac{dy}{dx}+2xy=2xe^{-x^2}$ 的通解.

9.4.3 可降阶的微分方程

(一)选择题

1.以下各函数组中线性相关的是( ).
　　(A)x,x^2　　　　(B)$x,2x$　　　　(C)$\cos 2x,\sin 2x$

2.以下各函数组中线性无关的是( ).
　　(A)$4x^2,x^2$　　　(B)$\cos x\sin x,\sin 2x$　　(C)$\ln x,x\ln x$

(二)计算题

1.求下列微分方程的解.
　　(1) $y'''=xe^x$;　　　　　　　　(2) $y''=x+y'$;

　　(3) $y''=1+(y')^2$;　　　　　　(4) $xy''+y'=0$;

(5) $y''=e^{2y}$, $y(0)=y'(0)=0$.

2.已知某曲线,它的方程满足 $y''-\sqrt{1-(y')^2}=0$,并且与另一曲线 $y=e^{-x}$ 相切于点 $(0,1)$,试求此曲线方程.

(三)应用题

设子弹以 200 m/s 的速度射入厚 0.1 m 的木板,受到的阻力大小与子弹的速度成正比,如果子弹穿出木板时的速度为 80 m/s,求子弹穿过木板的时间.

9.4.4 二阶常系数齐次线性微分方程

(一)填空题

1. $y''-y'-2y=0$ 相应的特征方程是_____,特征根是_____,则微分方程的通解是_____.
2. $4y''-20y'+25y=0$ 相应的特征方程是_____,特征根是_____,则微分方程的通解是_____.
3. $y''-4y'+5y=0$ 相应的特征方程是_____,特征根是_____,则微分方程的通解是_____.
4. 若二阶常系数齐次微分方程的特征根为
   (1) $r_1=-3$, $r_2=2$,则此微分方程是_____,其通解为_____;
   (2) $r_1=r_2=-4$,则此微分方程是_____,其通解为_____;
   (3) $r_{1,2}=2\pm\sqrt{3}i$,则此微分方程是_____,其通解为_____.
5. 方程 $y''-4y'+4y=0$ 的两个线性无关解为 $y_1=$_____, $y_2=$_____.

(二)计算题

1.求下列微分方程满足初始条件的特解.

(1) $y'' - 3y' - 4y = 0$, $y(0) = 0$, $y'(0) = -5$;

(2) $y'' - y' - 2y = 0$, $y(0) = 2$, $y'(0) = 0$;

(3) $y'' + 4y' + 29y = 0$, $y(0) = 0$, $y'(0) = 15$;

(4) $y''' + 2y'' + y' = 0$, $y(0) = 2$, $y'(0) = 0$, $y''(0) = -1$.

2.求微分方程 $y^{(4)} + 5y'' - 36y = 0$ 的通解.

3.求微分方程 $y''' - y' = 0$ 的一条积分曲线,使此积分曲线在原点处有拐点,且以 $y = 2x$ 为切线.

4.求微分方程 $y'' - 2y' - 3y = 0$ 的通解.

5.求微分方程 $y''+2y'+3y=0$ 的通解.

6.求微分方程 $y''+2\sqrt{2}y'+2y=0$ 的通解.

9.4.5 二阶常系数非齐次线性微分方程

(一)填空题

1.已知微分方程 $2y''+y'-y=f(x)$,写出特解 y^* 的形状:
   当 $f(x)=xe^x$ 时,特解 $y^*=$ _____；
   当 $f(x)=3e^{-x}$ 时,特解 $y^*=$ _____.

2.已知微分方程 $y''+4y'+4y=f(x)$,写出特解 y^* 的形状:
   当 $f(x)=3e^{2x}$ 时,特解 $y^*=$ _____,
   当 $f(x)=xe^{-2x}$ 时,特解 $y^*=$ _____.
   当 $f(x)=xe^x\sin 3x$ 时,特解 $y^*=$ _____.

(二)计算题

1.求下列各方程的通解.
(1) $y''+4y=e^x$；   (2) $y''-3y'+2y=xe^x$；

(3) $y''-2y'+5y=e^x\sin 2x$；   (4) $\omega''+\omega=e^y+\cos y$；

(5) $y''-5y'+4y=x^2$；   (6) $x''-6x'+9x=e^{3t}(t+1)$；

(7) $y'' - 4y' + 4y = 8(e^{2x} + x^2)$.

2. 求连续可微函数 $j(x)$ 使其满足：$j(x) = e^x + \int_0^x (x-t)j(t)dt$.

3. 求微分方程 $y'' - 2y' - 3y = (x+2)e^{2x}$ 的一个特解.

4. 求微分方程 $y'' - 3y' + 2y = \cos 2x$ 的特解.

9.4.6 综合练习

(一)选择题

1. 下列微分方程为线性方程的是( ).

    (A) $y' = -\dfrac{x}{y}$ (B) $y' + 2xy - xe^{-x} = 0$

    (C) $xy' - y = x\tan\dfrac{y}{x}$ (D) $y'' = (y')^2$

2. 微分方程 $y'' = 6x + 2$ 的通解是( ).

    (A) $y = x^3 + x^2 + c_1 x + c_2$ (B) $y = 3x^2 + 2x + c_1 x + c_2$

    (C) $y = x^3 + x^2 + c$ (D) $x^3 + x^2 + c_1 x + c_2$

3. 方程 $(y - \ln x)dx + xdy = 0$ 是( ).

    (A) 可分离变量方程   (B) 齐次方程

    (C) 一阶线性齐次方程   (D) 一阶线性非齐次方程

4. 下列是常微分方程的是( ).

    (A) $(\ln\sqrt{1+x^2})' = \dfrac{x}{1+x^2}$ (B) $(uv)' = u'v + uv'$

    (C) $y' + 2xy = 0$ (D) $y' + xe^x = 0$

5.微分方程 $y'=\mathrm{e}^{-\frac{1}{2}x}$ 的通解是（　　）.

(A) $y=\mathrm{e}^{-\frac{1}{2}x}+C$　　　　　　　　(B) $y=\mathrm{e}^{\frac{1}{2}x}+C$

(C) $y=-2\mathrm{e}^{-\frac{1}{2}x}+C$　　　　　　(D) $y=C\mathrm{e}^{-\frac{1}{2}x}$

6.微分方程 $(y')^3+2(y)^2y+2xy^4=0$ 的阶是（　　）.

(A) 1　　　　　(B) 2　　　　　(C) 3　　　　　(D) 4

7.二阶微分方程 $y''-9y=x\mathrm{e}^{5x}$ 的特解形式是（　　）.

(A) $y^*=a\mathrm{e}^{5x}$　　　　　　　　(B) $y^*=ax\mathrm{e}^{5x}$

(C) $y^*=(ax+b)\mathrm{e}^{5x}$　　　　　(D) $y^*=(ax^2+bx+c)\mathrm{e}^{5x}$

8.若函数 $f(x)$ 满足关系式 $f(x)=\int_0^{2x}f\left(\dfrac{t}{2}\right)\mathrm{d}t+\ln 2$，则 $f(x)$ 等于（　　）.

(A) $\mathrm{e}^x\ln 2$　　　　(B) $\mathrm{e}^{2x}\ln 2$　　　　(C) $\mathrm{e}^x+\ln 2$　　　　(D) $\mathrm{e}^{2x}+\ln 2$

9.微分方程 $y''-y=\mathrm{e}^x+1$ 的一个特解应具有形式（式中 a、b 为常数）（　　）.

(A) $a\mathrm{e}^x+b$　　　　(B) $ax\mathrm{e}^x+b$　　　　(C) $a\mathrm{e}^x+bx$　　　　(D) $ax\mathrm{e}^x+bx$

(二)计算题

1.求下列微分方程的通解.

(1) $x^2\dfrac{\mathrm{d}y}{\mathrm{d}x}=xy-y^2$；

(2) $\dfrac{\mathrm{d}y}{\mathrm{d}x}+y\dfrac{\mathrm{d}\varphi}{\mathrm{d}x}=\varphi(x)\dfrac{\mathrm{d}\varphi}{\mathrm{d}x}$　（$\varphi(x)$ 为已知函数）；

(3) $y'+y\tan x=\cos x$；　　　　　　(4) $y'-\mathrm{e}^{x-y}+\mathrm{e}^x=0$.

2.求微分方程 $y''+y'-2y=(3x+7)\mathrm{e}^x+2$ 的通解.

3.求过点 $(1,1)$ 的曲线 $y=f(x)$，使此曲线在 $[1,x]$ 上所形成的曲边梯形的面积等于该曲线段终点横坐标 x 与纵坐标 y 之积的 2 倍减去 $2(x>1,y>0)$.

模拟卷

高等数学(上)期末模拟试卷 A

_____分院_____专业_____班 姓名_____学号_____

题号	一	二	三	四	五	总分
得分						

第一题

(一)选择题(共 15 分,每小题 3 分)

1. 函数 $y = 2 \cdot \sin \dfrac{x}{2}$ 的反函数为( ).

   (A) $y = 2\arcsin x$　　　　　　　(B) $y = 2\arcsin \dfrac{x}{2}$

   (C) $y = \dfrac{1}{2}\arcsin x$　　　　　　(D) $y = \dfrac{1}{2}\arcsin \dfrac{x}{2}$

2. 数列 x_n 有界是数列 x_n 收敛的( )条件.
   (A) 充分不必要　　　　　　(B) 充分必要
   (C) 必要不充分　　　　　　(D) 既不必要也不充分

3. 极限 $\lim\limits_{x \to \infty} \dfrac{x^2 - x}{7x^5 + x^3 + 1} = ($).

   (A) 0　　　　(B) $\dfrac{1}{7}$　　　　(C) $+\infty$　　　　(D) 1

4. 对于函数 $f(x) = \dfrac{x^2 - 1}{x^2 - 3x + 2}$ 的间断点,下列说法正确的是( ).

   (A) 1 为第一类间断点的跳跃间断点,2 为第二类间断点的跳跃间断点
   (B) 1 为第二类间断点的无穷间断点,2 为第二类间断点的可去间断点
   (C) 1 为第二类间断点的无穷间断点,2 为第二类间断点的无穷间断点
   (D) 1 为第二类间断点的可去间断点,2 为第二类间断点的可去间断点

5. $\lim\limits_{x \to \infty} \left(\dfrac{e^x}{x} - \dfrac{e^x}{x+1} \right) = ($).

   (A) 0　　　　(B) $+\infty$　　　　(C) 1　　　　(D) -1

(二)填空题(共15分,每小题3分)

1. 极限 $\lim\limits_{x\to\infty}\dfrac{1}{x}\cos x=$ _____.

2. 函数 $Z=\dfrac{1}{\ln(1-x^2-y^2)}$ 的定义域为 _____.

3. 由曲线 $y=\sqrt{x}$,直线 $x=2$ 和 x 轴所围成的图形,绕 y 轴旋转所成旋转体的体积为 _____.

4. 定积分 $\int_{-\pi}^{\pi}\sin x\,\mathrm{d}x=$ _____.

5. 设函数 $f(x,y)=\begin{cases}\dfrac{xy}{x^2+y^2},&x^2+y^2\neq 0\\0,&x^2+y^2=0\end{cases}$,则 $\lim\limits_{\substack{x\to 0\\y\to 0}}f(x,y)=$ _____.

(三)计算题(共56分,每小题8分)

1. 求 $\lim\limits_{x\to\infty}\left(1-\dfrac{1}{2x}\right)^x$.

2. 函数 $f(x)=\begin{cases}x^3,&x\leqslant 2\\ax+b,&x>2\end{cases}$,区间 a、b 为何值时,可使 $f(x)$ 处处连续可导.

3. 求由方程 $\dfrac{x^2}{a^2}-\dfrac{y^2}{b^2}=1$ 所确定的函数 $y=g(x)$ 的导数 y'.

4. 求函数 $z=\mathrm{e}^{x^2-y^2}$ 的二阶偏导数.

5.计算函数 $z=x\ln(xy)$ 的全微分.

6.求不定积分 $\int \dfrac{e^{\sqrt{x}}}{\sqrt{x}}dx$.

7.求定积分 $\int_0^{\pi} e^x \cdot \sin 2x\, dx$.

(四)应用题(共8分,每小题8分)

某商品的需求量 Q 是价格 p 的函数 $Q=100(5-p)$,而该商品供给量 Q_1 是价格 p 和每单位商品的税额 t 的函数 $Q_1=200(p-t-1)$,试求(1)当供需平衡时销售量 Q(即需求量)和税额 t 的关系.(2)当 t 为何值时,税收总额最大?(设税收总额为 T,且 $T=tQ$)

(五)证明题(共6分,每小题6分)

证明方程 $x^3+4x^2-3x=1$,至少有一个根介于 $\left(-1,\dfrac{1}{3}\right)$ 之间.

高等数学(上)期末模拟试卷 B

_____分院_____专业_____班 姓名_____学号_____

题号	一	二	三	四	五	总分
得分						

(一)选择题(共15分,每小题3分)

1. 函数 $f(x)=\arcsin x$,$\varphi(x)=x-2$,则 $f(\varphi(x))$ 的定义域是( ).
   (A) $[1,3]$　　　　　　　　　　　(B) $(-\infty,+\infty)$
   (C) $\left[2-\dfrac{\pi}{2},2+\dfrac{\pi}{2}\right]$　　　　　(D) $(1,3)$

2. 设 $\lim\limits_{x\to\infty}\left(\dfrac{x+2a}{x-a}\right)^x=27$,则 $a=$( ).
   (A) 1　　　　(B) 0　　　　(C) e^{-1}　　　　(D) $\ln 3$

3. 方程 $2^x=1+x^2$ 实根的个数是( ).
   (A) 1　　　　(B) 2　　　　(C) 3　　　　(D) 4

4. $y=xe^{-x}$ 的凸区间是( )
   (A) $(-\infty,-2)$　　　　　　　(B) $(-\infty,2)$
   (C) $(2,+\infty)$　　　　　　　　(D) $(-2,+\infty)$

5. 设可微函数 $f(x,y)$ 在点 (x_0,y_0) 取得极小值,则下列结论正确的是( )
   (A) $f(x_0,y)$ 在 $y=y_0$ 处导数小于零
   (B) $f(x_0,y)$ 在 $y=y_0$ 处导数大于零
   (C) $f(x_0,y)$ 在 $y=y_0$ 处导数等于零
   (D) $f(x_0,y)$ 在 $y=y_0$ 处导数不存在

(二)填空题(共15分,每小题3分)

1. $y=e^{\arcsin\sqrt{x}}$ 的导数是_____.
2. $\sin 31°$ 的近似值是_____.
3. 函数 $y=2x^3+x^2-4x+3$ 的单调减少区间是_____.
4. 函数 $f(t)=3t^3+2t$ 在 $[-1,2]$ 上的最小值是_____.
5. 由两条抛物线 $y^2=x$、$y=x^2$ 所围成的图形的面积为_____.

(三)计算题(共 56 分,每小题 8 分)

1. 求 $\lim\limits_{x \to -1}\left[\dfrac{1}{x+1} - \dfrac{1}{\ln(x+2)}\right]$.

2. 设 $f(x) = \begin{cases} x^2 - 1, & 0 \leqslant x \leqslant 1 \\ ax + b, & 1 < x \leqslant 2 \end{cases}$,若 $f(x)$ 在 $(0,2)$ 内可导,求 a、b 的值.

3. 设由 $e^{-y} + x(y - x) = 1 + x$ 确定函数 $y = y(x)$,求 y'.

4. 设 $z = f(xy^2, x^2y)$,f 具有二阶连续偏导数,求 $\dfrac{\partial^2 z}{\partial x^2}, \dfrac{\partial^2 z}{\partial x \partial y}, \dfrac{\partial^2 z}{\partial y^2}$.

5. 求函数 $z = x^3 y^2$ 在点 $(1,3)$ 的全微分.

6. 求 $\displaystyle\int \dfrac{1}{\sqrt{1 + x - x^2}} \mathrm{d}x$.

7.计算 $\int_0^{\frac{\pi}{2}} \sin^3 x \cos^4 x \, dx$.

(四)应用题(共 8 分,每小题 8 分)

设两种产品的需求函数是: $p=12-2x, q=20-y$;其中 p、q 分别为两种产品的单价,千元. x、y 分别为两种产品的销售量,千克.设总成本函数为 $C_0 = x^2 + 2xy + 2y^2$.试求收益函数和利润函数,并求极大利润时价格和销售量以及极大利润是多少?

(五)证明题(共 6 分,每小题 6 分)

设 $a_1 - \dfrac{a_2}{3} + \cdots + (-1)^{n-1} \dfrac{a_n}{2n-1} = 0$,证明方程 $a_1 \cos x + a_2 \cos 3x + \cdots + a_n \cos(2n-1)x = 0$ 在 $\left(0, \dfrac{\pi}{2}\right)$ 内至少有一个实根.

高等数学(上)期末模拟试卷 C

_____分院_____专业_____班 姓名_____ 学号_____

题号	一	二	三	四	五	总分
得分						

(一)选择题(共 15 分,每小题 3 分)

1. 设函数 $f(x)$ 在点 a 处连续,则 $f(x)$ 在点 a 处( ).
   (A)有定义　　　(B)极限不存在　　　(C)可导　　　(D)可微

2. 函数 $y = e^x + \arctan x$ 在区间 $[-1,1]$ 上( ).
   (A)单调减少　　(B)单调增加　　(C)无最大值　　(D)无最小值

3. 下列结论正确的是( ).
   (A)函数 $f(x)$ 的导数不存在的点一定不是 $f(x)$ 的极值点.
   (B)若 x_0 为 $f(x)$ 的驻点,则 x_0 必为 $f(x)$ 的极值点.
   (C)若函数 $f(x)$ 在点 x_0 处有极值,且导数 $f'(x_0)$ 存在,则必有 $f'(x_0)=0$.
   (D)若函数 $f(x)$ 在点 x_0 处连续,则导数 $f'(x_0)$ 一定存在.

4. 下列等式成立的是( ).
   (A) $d\int f(x)dx = f(x)$ 　　　　(B) $\dfrac{d}{dx}\int f(x)dx = f(x)dx$
   (C) $\dfrac{d}{dx}\int f(x)dx = f(x) + C$ 　　(D) $d\int f(x)dx = f(x)dx$

5. $y = x \times 2^x$ 取极小值的 $x = ($ 　$)$.
   (A) $\dfrac{1}{\ln 2}$ 　　(B) $-\dfrac{1}{\ln 2}$ 　　(C) $-\ln 2$ 　　(D) $\ln 2$

(二)填空题(共 15 分,每小题 3 分)

1. $y = 2\sin 3x$ 的反函数是_____.

2. 设函数 $f(x) = \begin{cases} e^{x-2}, & x \leq 0 \\ x+a, & x > 0 \end{cases}$,在 $x=0$ 处连续,则 $a = $ _____.

3. 曲线 $y = 2x^3 - x^2 - 1$ 在点 $(1,2)$ 处的切线方程是_____.

4. 当 $x \to 0$ 时,$\sin x^3$ 与 $2x^a$ 是同阶无穷小,则 $a = $ _____.

5. 设 $f(x)$ 为连续函数,且 $\int_0^{x^2} f(t)dt = x$,则 $f(8) = $ _____.

(三) 计算题 (共 56 分, 每小题 8 分)

1. 求极限 $\lim\limits_{x\to\infty}\left(\dfrac{x-2}{x+2}\right)^x$.

2. 设 $f(x)=\begin{cases} x^2+ax+b, & x\leqslant 0 \\ x^2\sin\dfrac{1}{x}+x, & x>0 \end{cases}$ 试确定常数 a、b 的值,使 $f(x)$ 在 $x=0$ 处可导.

3. 求由方程 $z^3-3xyz=3$ 所确定的隐函数 $z=f(x,y)$ 的偏导数 $\dfrac{\partial z}{\partial x}, \dfrac{\partial z}{\partial y}$.

4. 求 $z=\ln\sin(x-2y)$ 的偏导数.

5. 求 $z=x^{2y}$ 的全微分.

6. 求积分 $\displaystyle\int\cos(\ln x)\mathrm{d}x$.

7.计算定积分 $\int_{\frac{1}{2}}^{1} e^{-\sqrt{2x-1}} dx$.

(四)应用题(共 8 分,每小题 8 分)

设生产某种产品的数量与所用两种原料 A、B 的数量 x、y 间有关系式 $P(x,y) = 0.005x^2 y$,欲用 150 元购料,已知 A、B 原料的单价分别为 1 元、2 元,问购进两种原料各多少,可使生产的数量最多?

(五)证明题(共 6 分,每小题 6 分)

证当 $x>0$ 时,$\ln\left(1+\dfrac{1}{x}\right) > \dfrac{1}{1+x}$.

高等数学(上)期末模拟试卷 D

_____分院 _____专业 _____班 姓名_____ 学号_____

题号	一	二	三	四	五	总分
得分						

(一)选择题(共15分,每小题3分)

1. 函数 $y=\sqrt{x-2}+1,(x\geq 2)$ 的反函数是( ).
   (A) $y=2-(x-1)^2,(x\geq 2)$
   (B) $y=2+(x-1)^2,(x\geq 2)$
   (C) $y=2-(x-1)^2,(x\geq 1)$
   (D) $y=2+(x-1)^2,(x\geq 1)$

2. 函数 $f(x)=\sqrt{4-x}+\dfrac{1}{\ln(1+x)}$ 的定义域为( ).
   (A) $-1<x\leq 4$
   (B) $-1<x\leq 4$ 且 $x\neq 0$
   (C) $x\leq 4$ 且 $x\neq 0$
   (D) $x>-1$ 或 $x\leq 4$

3. 点 $x=0$ 是函数 $f(x)=\dfrac{\arcsin x}{x}$ 的( ).
   (A) 可去间断点
   (B) 跳跃间断点
   (C) 无穷间断点
   (D) 振荡间断点

4. 函数 $f(x)$ 在 x_0 处的导数 $f'(x_0)$ 等于( ),其中 a 为常数且 $a\neq 0$.
   (A) $\lim\limits_{\Delta x\to 0}\dfrac{f(x_0+a\Delta x)-f(x_0)}{\Delta x}$
   (B) $\lim\limits_{\Delta x\to 0}\dfrac{f(x_0-a\Delta x)-f(x_0)}{\Delta x}$
   (C) $\lim\limits_{\Delta x\to 0}\dfrac{f(x_0+a\Delta x)-f(x_0-\Delta x)}{\Delta x}$
   (D) $\lim\limits_{\Delta x\to 0}\dfrac{f(x_0)-f(x_0-a\Delta x)}{a\Delta x}$

5. 函数 $y=x\ln x$ 在 $(0,+\infty)$ 上的图形是( )
   (A) 凸弧
   (B) 凹弧
   (C) 在 $(0,e^{-1})$ 为凸弧,在 $(e^{-1},+\infty)$ 为凹弧
   (D) 在 $(0,e^{-1})$ 为凹弧,在 $(e^{-1},+\infty)$ 为凸弧

(二)填空题(共15分,每小题3分)

1. 曲线 $y=\sin x+1$ 在 $(0,1)$ 处的切线方程为_____.

2. 函数 $f(x)=\dfrac{a}{x}+x$ 在 $x=1$ 处取得极值,则 $a=$_____.

3.曲线 $f(x)=x^3+px^2-1$ 上 $(-1,1)$ 为其拐点,则 $p=$ _____.

4.空间中点 $A(3,1,2)$ 与点 $B(0,1,5)$ 的距离为 _____.

5.$\sqrt{(1.02)^3+(1.97)^3}$ 的近似值为 _____.

(三)计算题(共 56 分,每小题 8 分)

1.计算 $\lim\limits_{x\to 1}\dfrac{e^x-e}{x^2+\ln x-1}$.

2.设函数 $f(x)=\begin{cases}x^2, & x\leqslant 1\\ ax+b, & x>1\end{cases}$,为了使函数 $f(x)$ 在 $x=1$ 处连续且可导,a、b 应取什么值?

3.已知:$\ln\sqrt{x^2-y^2}=\arcsin\dfrac{y}{x}$,求 $\dfrac{dy}{dx}$.

4.设 $z=x\cdot f(x+y)+y\cdot g(x+y)$,其中函数 f、g 具有二阶连续导数,求 $\dfrac{\partial^2 z}{\partial x^2}$,$\dfrac{\partial^2 z}{\partial x\partial y}$,$\dfrac{\partial^2 z}{\partial y^2}$.

5.求函数 $f(x,y)=\ln(1+x^2+y^2)$ 在点 $(1,2)$ 处的全微分.

6.求 $\int \dfrac{\ln(1+x)}{\sqrt{x}}\mathrm{d}x$.

7.求 $\int_0^{\sqrt{2}} \sqrt{2-x^2}\,\mathrm{d}x$.

(四)应用题(共 8 分,每小题 8 分)

求曲线 $y=x^2, 4y=x^2$ 及直线 $y=1$ 所围图形的面积.

(五)证明题(共 6 分,每小题 6 分)

证明等式:$2\arctan x + \arcsin\dfrac{2x}{1+x^2}=\pi\,(x\geqslant 1)$.

高等数学(下)期末模拟试卷 A

_____分院_____专业_____班 姓名_____学号_____

题号	一	二	三	四	五	总分
得分						

第一题

(一) 选择题（共 15 分，每小题 3 分）

1. $y''=x$ 的通解是(　　).

   (A) $y=\dfrac{1}{6}x^2$ 　　　　　　　　　　　(B) $y=\dfrac{1}{6}x^3+Cx$

   (C) $y=\dfrac{1}{6}x^3+C$ 　　　　　　　　　(D) $y=\dfrac{1}{6}x^3+C_1x+C_2$

2. 若级数 $\sum\limits_{n=1}^{\infty}u_n$ 收敛，则下列级数发散的是(　　).

   (A) $\sum\limits_{n=1}^{\infty}10u_n$ 　　(B) $\sum\limits_{n=1}^{\infty}u_n+10$ 　　(C) $\sum\limits_{n=1}^{\infty}(u_n+10)$ 　　(D) $\sum\limits_{n=10}^{\infty}u_n$

3. 当 D 为(　　)围城区域时，$\iint\limits_{D}x\,\mathrm{d}x=1$.

   (A) $y=x, x=0, y=\sqrt{2}$ 　　　　　　(B) $xy=1, x=2, y=2$

   (C) $y=x^2, y^2=x$ 　　　　　　　　　　(D) $y=x, y=0, x=\dfrac{\sqrt{2}}{2}$

4. 对级数 $\sum\limits_{n=1}^{\infty}\dfrac{1}{n}$ 的判断，下列哪个是(　　)正确的.

   (A) 收敛　　　　(B) 发散　　　　(C) 条件收敛　　　　(D) 绝对收敛

5. 下列微分方程中，(　　) 的通解是 $y=C_1\mathrm{e}^{-x}+C_2\mathrm{e}^{2x}$.

   (A) $y''-2y'-2y=0$ 　　　　　　　　　(B) $y''-2y'+5y=0$

   (C) $y''+y'-2y=0$ 　　　　　　　　　　(D) $y''+6y'-13y=0$

第二题

(二) 填空题（共 15 分，每小题 3 分）

1. 设 $f(x,y)$ 为连续函数，则二次积分 $\displaystyle\int_0^1\mathrm{d}y\int_0^2 f(x,y)\,\mathrm{d}x$ 交换积分次序后为 _____.

2. 一阶线性微分方程 $\dfrac{\mathrm{d}y}{\mathrm{d}x}-y=1$ 的通解为 _____.

3. 设一曲线过点 $M(4,3)$，且该曲线上任一点 p 处的切线在 y 轴上的截距等于原点到 p 点的距离，则此曲线的方程是 _____.

4. 级数 $\sum\limits_{n=1}^{\infty} \dfrac{1}{n}(x-3)^n$ 的收敛域为 _____.

5. 级数 $\sum\limits_{n=1}^{\infty} \dfrac{1}{2^n}$ 的和为 _____.

(三) 计算题(共 56 分，每小题 8 分)

1. 计算二重积分 $\iint\limits_{D}(3x+2y)\mathrm{d}\sigma$，其中闭区域 D 由坐标轴与 $x=1, y=1$ 所围成.

2. 求二重积分 $\iint\limits_{D}\sin\sqrt{x^2+y^2}\,\mathrm{d}\sigma$，$D=\{(x,y)\mid \pi^2 \leqslant x^2+y^2 \leqslant 4\pi^2\}$.

3. 求微分方程 $(1+y)\mathrm{d}x - (1-x)\mathrm{d}y = 0$ 的通解.

4. 求 $y'' + 5y' - 14y = 0$ 的通解.

5. 写出下列级数 $\dfrac{1}{2} - \dfrac{1}{4} + \dfrac{1}{8} - \dfrac{1}{16} + \dfrac{1}{32} - \dfrac{1}{64} + \cdots$ 的通项公式，并判断其敛散性，若收敛，是条件收敛还是绝对收敛？

6.求级数 $\sum_{n=0}^{\infty} \dfrac{1}{2n \times 4^n} x^n$ 收敛半径和收敛域.

7.将 $f(x) = \dfrac{x}{2+x}$ 展开成幂级数.

(四)应用题(共 8 分,每小题 8 分)

设曲线 $y = f(x)$ 在任一点 $(x, f(x))$ 处的切线斜率等于横坐标的平方减 3,且曲线通过点 $(3, 4)$,求此曲线方程.

(五)证明题(共 6 分,每小题 6 分)

求证:$\int_0^1 dy \int_0^{\sqrt{y}} e^y f(x) dx = \int_0^1 (e - e^{x^2}) f(x) dx$

高等数学(下)期末模拟试卷 B

_____分院 _____专业 _____班 姓名_____ 学号_____

题号	一	二	三	四	五	总分
得分						

(一) 选择题(共 15 分, 每小题 3 分)

1. 利用二重积分的几何意义, 当 $D: x^2 + y^2 \leq 1$ 时, 求 $\iint\limits_{D} d\sigma = ($).

   (A) $\dfrac{\pi}{2}$ (B) 0 (C) π (D) $-\pi$

2. 设 D 为 $(x-1)^2 + y^2 = 1$ 及 x 轴围成的第一象限部分, 化二重积分 $\iint\limits_{D} f(x,y) dx dy$ 为极坐标系下的二次积分 $I = ($).

   (A) $\int_0^{2\pi} d\theta \int_0^{2\cos\theta} f(r\cos\theta, r\sin\theta) dr$
   (B) $\int_0^{\frac{\pi}{2}} d\theta \int_0^{2\sin\theta} (r\cos\theta, r\sin\theta) r dr$
   (C) $\int_0^{\frac{\pi}{2}} d\theta \int_0^{2\cos\theta} f(r\cos\theta, r\sin\theta) r dr$
   (D) $\int_0^{\frac{\pi}{2}} d\theta \int_0^{2\sin\theta} (r\cos\theta, r\sin\theta) r dr$

3. 下列微分方程中, 是二阶线性微分方程的是( ).
   (A) $(y'')^2 + y' + y = x$
   (B) $(y')^2 + 2y = \cos x$
   (C) $y'y'' = 2y$
   (D) $xy'' - 5y' + 3x^2 y = \ln^2 x$

4. 若数项级数 $\sum\limits_{n=1}^{\infty} a_n$ 收敛, S_n 是此级数的部分和, 则必有( ).
   (A) $\sum\limits_{n=1}^{\infty} a_n = \lim\limits_{n\to\infty} a_n$
   (B) $\lim\limits_{n\to\infty} S_n = 0$
   (C) $\lim\limits_{n\to\infty} a_n = 0$
   (D) $\{S_n\}$ 是单调的

5. 幂级数 $\sum\limits_{n=1}^{\infty} (-1)^n x^n$ 的和函数是( ).

   (A) $\dfrac{1}{1-x}$ (B) $\dfrac{-1}{1-x}$ (C) $\dfrac{-x}{1+x}$ (D) $\dfrac{1}{1+x}$

(二) 填空题(共 15 分, 每小题 3 分)

1. 设 $D: |x| \leq 1, |y| \leq 1$, 则 $\iint\limits_{D} e^{x+y} d\sigma = $ _____.

2.交换累次积分次序 $\int_0^1 dx \int_{x^2}^x f(x,y)dy = $ _____.

3.微分方程 $y'' + y = 0$ 的通解为 _____.

4.数项级数 $\sum\limits_{n=1}^{\infty} \dfrac{1}{3^n} = $ _____.

5.数项级数 $\sum\limits_{n=1}^{\infty} \left(\dfrac{1}{2^n} + \dfrac{1}{\sqrt{n}}\right)$ 是 _____(判断其敛散性).

(三) 计算题(共 56 分,每小题 8 分)

1.计算二重积分 $\iint\limits_{D}(x+y)d\sigma$,其中 D 为由曲线 $xy=1, y=x, x=2$ 围成的积分区域.

2.计算二重积分 $\iint\limits_{D}(x^2+y^2)d\sigma$,其中 $D: 1 \leqslant x^2+y^2 \leqslant 4$.

3.求微分方程 $\dfrac{dy}{dx} = \dfrac{y}{x} + \tan\dfrac{y}{x}$ 的通解.

4.求微分方程 $y'' - 4y' + 3y = 0$ 的通解.

5.判断级数 $\sum\limits_{n=1}^{\infty} (-1)^{n-1} \dfrac{n}{2^n}$ 的敛散性,若收敛,是条件收敛还是绝对收敛?

6.求幂级数 $\sum_{n=1}^{\infty} \dfrac{(-1)^{n-1}}{3n+1} x^n$ 的收敛半径和收敛域.

7.将函数 $\dfrac{1}{x-2}$ 展成 x 的幂级数,其中 $x \in (-2,2)$.

(四) 应用题(共 8 分,每小题 8 分)

已知曲线上任意点 $M(x,y)$ 处的切线斜率为 $\sin x$,且曲线过定点 $(0,2)$,求此曲线的方程.

(五) 证明题(共 6 分,每小题 6 分)

求证 $y = \dfrac{C^2 - x^2}{2x}$($C$ 为任意常数)是微分方程 $(x+y)\mathrm{d}x + x\mathrm{d}y = 0$ 的通解.

高等数学(下) 期末模拟试卷 C

_____分院_____专业_____班 姓名_____学号_____

题号	一	二	三	四	五	总分
得分						

第一题

(一) 选择题(共 15 分,每小题 3 分)

1. 设 $I_1 = \iint_D \dfrac{x+y}{4} \mathrm{d}x\,\mathrm{d}y$, $I_2 = \iint_D \sqrt{\dfrac{x+y}{4}} \mathrm{d}x\,\mathrm{d}y$, $I_3 = \iint_D \sqrt[3]{\dfrac{x+y}{4}} \mathrm{d}x\,\mathrm{d}y$ 其中 $D = \{(x,y) \mid (x-1)^2 + (y-1)^2 \leqslant 2\}$,则下列结论正确的是( ).

 (A) $I_1 < I_2 < I_3$ (B) $I_2 < I_3 < I_1$

 (C) $I_1 < I_3 < I_2$ (D) $I_3 < I_2 < I_1$

2. 若函数 $f(x)$ 满足关系式 $f(x) = \int_0^{2x} f(\dfrac{t}{2}) \mathrm{d}t + \ln 2$,则 $f(x)$ 等于( ).

 (A) $e^x \ln 2$ (B) $e^{2x} \ln 2$ (C) $e^x + \ln 2$ (D) $e^{2x} + \ln 2$

3. 设 $u_n = (-1)^n \ln\left(1 + \dfrac{1}{\sqrt{n}}\right)$,则( ).

 (A) $\sum\limits_{n=1}^{\infty} u_n$ 与 $\sum\limits_{n=1}^{\infty} u_n^2$ 都收敛   (B) $\sum\limits_{n=1}^{\infty} u_n$ 与 $\sum\limits_{n=1}^{\infty} u_n^2$ 都发散

 (C) $\sum\limits_{n=1}^{\infty} u_n$ 收敛,而 $\sum\limits_{n=1}^{\infty} u_n^2$ 发散   (D) $\sum\limits_{n=1}^{\infty} u_n$ 发散,$\sum\limits_{n=1}^{\infty} u_n^2$ 收敛

4. 设 α 为常数,则级数 $\sum\limits_{n=1}^{\infty}\left[\dfrac{\sin n\alpha}{n^2} - \dfrac{1}{\sqrt{n}}\right]$ ( ).

 (A) 绝对收敛   (B) 发散

 (C) 条件收敛.   (D) 敛散性与 α 取值有关

5. $(x+y)\mathrm{d}y = (x-y)\mathrm{d}x$ 是( ).

 (A) 可分离变量方程   (B) 齐次微分方程

 (C) 一阶线性齐次微分方程   (D) 一阶线性非齐次微分方程

第二题

(二) 填空题(共 15 分,每小题 3 分)

1. 幂级数 $\sum\limits_{n=1}^{\infty}(n-1)x^n$ 的和函数为 _____.

2.设有界闭区域 D 的面积为 S,则 $\iint\limits_{D} 2\mathrm{d}\sigma =$ _____.

3.判别常数项级数的收敛性,若 $\sum\limits_{n=0}^{\infty} u_n$ 收敛,且 $k \neq 0$,则 $\sum\limits_{n=0}^{\infty} (u_n + k)$ 是 _____(收敛或发散).

4.设 $f(x,y)$ 为连续函数,则二次积分 $\int_0^1 \mathrm{d}y \int_0^{\sqrt{y}} f(x,y) \mathrm{d}x$ 交换积分次序后为 _____.

5.若方程 $y'' + py' + qy = 0$,(p,q 为实数)有特解 $y_1 = \mathrm{e}^{-x}$,$y_2 = \mathrm{e}^{3x}$,则该方程的通解为 _____.

(三) 计算题(共 56 分,每小题 8 分)

1.计算二重积分 $\iint\limits_{D} \dfrac{1}{1+y^2} \mathrm{d}\sigma$,其中闭区域 $D: |x| \leqslant 2, |y| \leqslant 1$.

2.利用极坐标计算二重积分 $\iint\limits_{D} \mathrm{e}^{x^2+y^2} \mathrm{d}\sigma$,其中 D 是由 $x^2 + y^2 = 9$ 所围成的闭区域.

3.求微分方程 $\dfrac{\mathrm{d}y}{\mathrm{d}x} + 3y = 8$ 满足初始条件 $y|_{x=0} = 2$ 的特解.

4.求微分方程 $y'' + y' = x^2 + 1$ 的通解.

5.判别级数 $\sum\limits_{n=1}^{\infty} (-1)^{n-1} \dfrac{1}{\sqrt[3]{n^2}}$ 的敛散性,若收敛,是条件收敛还是绝对收敛.

6.求幂级数 $\sum_{n=1}^{\infty} \dfrac{x^n}{2\times 4\cdots(2n)}$ 的收敛半径及收敛域.

7.求幂级数 $\sum_{n=1}^{\infty} nx^{n-1}$ 的和函数.

(四) 应用题(共 8 分,每小题 8 分)

若曲线 $y=f(x)(f(x)\geqslant 0)$ 以 $[0,x]$ 为底围成曲边梯形,其面积与纵坐标 y 的 4 次幂成正比,已知 $f(0)=0, f(1)=1$,求此曲线方程.

(五) 证明题(共 6 分,每小题 6 分)

证明:当 $n\to\infty$ 时, $\dfrac{1}{n^n}=o\left(\dfrac{1}{n!}\right)$.

高等数学(下) 期末模拟试卷 D

_____分院_____ 专业_____ 班 姓名_____ 学号_____

题号	一	二	三	四	五	总分
得分						

(一) 选择题(共15分,每小题3分)

1. 设 $I_i = \iint\limits_{D_i} e^{-(x^2+y^2)} dxdy, i=1,2,3$,其中: $D_1 = \{(x,y) \mid x^2+y^2 \leqslant r^2\}$,$D_2 = \{(x,y) \mid x^2+y^2 \leqslant 2r^2\}$,$D_3 = \{(x,y) \mid |x| \leqslant r, |y| \leqslant r\}$ 则下列结论正确的是( ).
   (A) $I_1 < I_2 < I_3$ (B) $I_2 < I_3 < I_1$
   (C) $I_1 < I_3 < I_2$ (D) $I_3 < I_2 < I_1$

2. 用二重积分计算曲线 $y=3x$,$y=4-x^2$ 所围成的平面图形的面积 $S=$( ).
   (A) 2   (B) 4   (C) 5   (D) $\dfrac{1}{6}$

3. 若积分区域面积为3,则 $\iint\limits_{D} dxdy$ 为( ).
   (A) 3   (B) 2   (C) 4   (D) 5

4. 指出下列命题哪个是( )正确的.
   (A) 若 $\lim\limits_{n\to\infty} u_n = 0$,则 $\sum\limits_{n=1}^{\infty} u_n$ 收敛
   (B) 若 $\lim\limits_{n\to\infty}(u_{n+1} - u_n) = 0$,则 $\sum\limits_{n=1}^{\infty} u_n$ 收敛
   (C) 若 $\sum\limits_{n=1}^{\infty} u_n$ 收敛,则 $\lim\limits_{n\to\infty} u_n = 0$
   (D) 若 $\sum\limits_{n=1}^{\infty} u_n$ 发散,则 $\lim\limits_{n\to\infty} u_n \neq 0$

5. $(x+y)dy = (x-y)dx$ 是( ).
   (A) 可分离变量方程   (B) 齐次微分方程
   (C) 一阶线性齐次微分方程   (D) 一阶线性非齐次微分方程

(二) 填空题(共15分,每小题3分)

1. 设区域 $D = \{(x,y) \mid x^2+y^2 \leqslant 1, y \geqslant 0\}$,则 $\iint\limits_{D} x\sqrt{x^2+y^2} dxdy = $ _____.

2.设 $f(x,y)$ 为连续函数,则二次积分 $\int_0^1 dy \int_y^{\sqrt{y}} f(x,y)dx$ 交换积分次序后为 _____.

3.判别常数项级数的收敛性,若 $\sum_{n=0}^{\infty} u_n$ 收敛,且常数 $k \neq 0$,则 $\sum_{n=0}^{\infty} (u_n + k)$ 是 _____.

4.微分方程 $\dfrac{dy}{dx} + y = x$ 的通解为 _____.

5.设有级数 $\sum_{n=1}^{\infty} a_n \left(\dfrac{x+1}{2}\right)^n$,若 $\lim\limits_{n \to \infty} \left|\dfrac{a_n}{a_{n+1}}\right| = \dfrac{1}{3}$,则该级数的收敛半径为 _____.

三、计算题(共 56 分,每小题 8 分)

1.计算二重积分 $\iint\limits_{D} \sqrt{xy}\, d\sigma$,其中闭区域 $D: 0 \leqslant x \leqslant a, 0 \leqslant y \leqslant b$.

2.计算二重积分 $\iint\limits_{D} \dfrac{xy}{x^2+y^2} dx dy$,其中 $D: y \geqslant x$ 及 $1 \leqslant x^2 + y^2 \leqslant 2$.

3.求微分方程 $y'' = e^{2x} - \cos x$ 的通解.

4.求微分方程 $y'' - 2y' + y = 0$ 的通解.

5.写出下列级数 $\dfrac{1}{2} - \dfrac{9}{4} + \dfrac{25}{8} - \dfrac{49}{16} + \dfrac{81}{32} - \dfrac{121}{64} + \cdots$ 的通项公式,并判断其敛散性,若收敛,是条件收敛还是绝对收敛?

6.求幂级数 $\sum\limits_{n=1}^{\infty} \dfrac{(-1)^n}{2n-1} x^n$ 的收敛域.

7.求级数 $\sum\limits_{n=1}^{\infty} (-1)^{n-1} \dfrac{x^{2n-1}}{2n-1}$ 的和.

(四) 应用题(共 8 分,每小题 8 分)

某厂生产某种产品的边际利润函数为 $L'(x) = \dfrac{\mathrm{d}L}{\mathrm{d}x} = x - 3x^2$,其中 x 是产量,若生产两单位时,总利润是 60,求总利润函数 $L(x)$.

(五) 证明题(共 6 分,每小题 6 分)

设 m、n 均为正整数,其中至少有一个是奇数,证明:$\iint\limits_{x^2+y^2 \leqslant a^2} x^m y^n \mathrm{d}x \mathrm{d}y = 0.$

参考文献

[1] 黄立宏.高等数学:上册[M].上海:复旦大学出版社,2006.
[2] 黄立宏.高等数学:下册[M].上海:复旦大学出版社,2006.
[3] 同济大学数学系.高等数学:上册[M].7版.北京:高等教育出版社,2016.
[4] 同济大学数学系.高等数学:下册[M].7版.北京:高等教育出版社,2016.
[5] 欧维义.高等数学习题课讲义:上册[M].长春:吉林大学出版社,1996.
[6] 欧维义.高等数学习题课讲义:下册[M].长春:吉林大学出版社,1996.
[7] 陈小桂,陈敬佳.高等数学习题全解[M].大连:大连理工大学出版社,2002.
[8] 陈兰祥.高等数学典型题精解[M].北京:学苑出版社,2002.
[9] 同济大学数学系.高等数学解题方法与同步训练[M].上海:同济大学出版社,1998.